JN336785

直江将司

わたしの森林研究

鳥のタネまきに注目して

さ・え・ら書房

まえがき

サクランボ、イチゴ、ブドウ、スイカ、カキ、バナナ、マンゴー、パイナップル、ミカン、ポンカン……わたしたちがふだんよく食べているこれらの果実は、なぜこの世界に存在しているのだろう？　もちろん、わたしたちを喜ばせるためにあるわけではない。植物はみんな目的があって果実を作っており、わたしたちはその恩恵《おんけい》にあずかっているだけだ。では、植物はどんな目的があって、こんなにもおいしい果実を作っているのだろう？　そこには、植物と動物の持ちつ持たれつの関係、ビジネスがある。それは、植物は果実の果肉の部分を動物に食べ物として与《あた》える、その代わりに、動物は果実に含《ふく》まれる種子を別の場所にまで運んであげる、という関係だ。このような動物のタネまきを、動物散布という。

動物散布をおこなう植物、つまり動物に果実を与《あた》える植物は、地球上の植物全三十万種のうち三分の一にものぼるという。わたしたちが食べている果実はそのうちのごく一部、全体の百分の一以下だろう。では、なぜ植物は食べ物を与《あた》えてまで動物にタネを運んでもらうのだろう？　動物がいないと、植物はどうなってしまうのだろう？　この本では、茨城《いばらき》県北茨城《きたいばらき》市関本町小川字《おがわあざ》にある「小川の森」で著者が研究している内容をまじえて、こういった疑問に答えていく。

さて、この本では生き物を身近に感じてもらえるように、その名前の書き方を少しだけ工夫している。特定の動植物だけを指す場合は、日本では標準和名というものを用いる。標準和名は、科学の世界で混乱がないように、一つの種の名前を一つに統一したもので、カタカナで表現する（この本では、標準和名のカタカナの書体を変えることにする）。たとえば、雀《すずめ》をスズメと書くとスズメという世界で一種類の鳥を指す。雀《すずめ》の仲間にはほかにニュウナイスズメ（入内雀）、イエスズメ（家雀）などがいるが、スズメとそれらとは区別されるわけである。ただカタカナで書いてみると、読者が知らない生き物の場合、何だか呪文《じゅもん》のようでイメージしづらくなってしまう。そこで、ある生き物を初めて指すときにはカタカナの後に、漢字だとどのように書くかも示した。ハシブトガラス（嘴太鴉）、というように。例としてはかなりむずかしい漢字の生き物を用いてしまったが、嘴（クチバシ）の太い鴉（カラス）ということが分かるだろう。

また生き物の名前は、それ自体がとても興味深いものでもある。たとえば、杉《すぎ》の木はなぜスギという名前なのか。これは木がまっすぐに成長することに由来するという説が有力だ。まっすぐな木は、曲がりくねった木と比べると加工しやすいので、木材としてすぐれている。きっと昔の日本人は、木材としての価値を重視してスギという名前をつけたのだろう。現代の日本においても、スギは木材として最も多く利用されていることを考えると、今も昔もスギに対する日本人の評価は変わっていないと言えるかもしれない。

名前から昔のことを想像できるのは、日本は世界でもめずらしいほど古くから続いている国であり、日本語を使い続けているためだ。そのため、昔の日本人がつけた名前をわたしたちは比較《ひかく》的《てき》かんたんに理解することができる。千年以上前の祖先がどのような視点で生き物と付き合ってきたのかを知れるのは、わたしたち日本人の特権である。このような考えから、ところどころで文章の流れを損なわない程度に名前の解説もつけてみた。このような試みがみなさんの生き物を想像する助けになれば、また日本人が生き物とどのように付き合ってきたか想像する助けになればうれしい。

直江 将司

わたしの森林研究——もくじ

（装丁）生沼 伸子

第1章

小川の森で研究を始める

◆動物散布との出会い

ぼくが動物によるタネまき、動物散布に出会ったのは、大学三年生のときだった。大学の授業の一環《いっかん》で、自分が興味を持った科学論文を見つけて紹介《しょうかい》する、というものがあった。そこでたくさんの論文を掲載《けいさい》している雑誌をパラパラと眺《なが》めていたところ、動物散布の論文に行きあたったのだ。論文には、一部の植物のタネまきは鳥やネズミなどによっておこなわれていて、彼《かれ》らなしに植物は生きていけない、といったことが書かれていた。論文を読んで、これこそ自分が進むべき道だ、と心にすとんと落ちたことを覚えている。それというのも当時、ぼくは自分の将来をどうするかで悩《なや》んでいたのだ。

もともとぼくは木を植える植林活動を仕事にしたいと思っていた。高校生のとき『木を植えた男』という本に出会い多大な感銘《かんめい》を受けたからだ。この本の内容は、かつて森林だった荒《あ》れはてた地に男が移り住み、誰《だれ》とも交流せずに木を植え続け、やがては森林を取り戻《もど》す、というものである。ぼくは人見知りが激しく内気だったこともあり、誰《だれ》ともいっさい会わずに何十年も仕事を続け、目に見える成果を上げる、という人生にあこがれを抱《いだ》いていた。そんな理由から、大学は森林科学科がある京都府立大学に入学していた。

ところが、大学生活を送るうち、自分は『木を植えた男』の主人公とはちがって、文明とかけ離《はな》れた生活を送るのはむずかしいということが分かってきた。水や食べ物、電気までも自分で用意する気にはなれないし、木を植えることだけを生きがいにすることはできそうにない。また、大学に入ってひとり暮らしをするようになると、少しは人見知りがおさまってきた。そうすると植林を仕事とするより、自分の知りたいことを自由に調べられそうな学者・研究者になりたいと思うようになった。

そんな中で、大学の二年生くらいになると動物行動学に興味を持つようになった。動物行動学は動物の行動を生物学的に研究する学問だ。もともと鳥が好きだったこともあり、植物より動物が研究材料としては面白いように思えてきたのだ。しかし、自分は森林については大学で学んだ知識や経験があるものの、動物行動学はまったく未知の世界で、二の足を踏《ふ》んでいた。そんな中で、先に述べたように動物散布と出会ったのだ。鳥や獣《けもの》が植物のタネまきをしてやることで、植物の世代交代を手助けしているという動物散布の世界は、ぼくにとってこれ以上ないほどに魅力《みりょく》的《てき》であった。また動物散布の研究であれば、植物の知識や経験を生かしながら動物の行動も研究できる、とも思った。

さて、大学には動物散布を専門とする先生はいなかったので、大学院では別の大学に進学して研究をおこなうことにした。そのためさまざまな大学の先生に連絡《れんらく》を取って、自分の思い描《えが》く研究ができないか相談に乗っていただいた。ぼくは今でも人見知りをするほうだし、元来なまけ者でもあるが、好きなことにはそれなりに労力をかけられるようだ。そんな中で出会ったのが京都大学生態学研究センターの酒井章子《さかいしょうこ》先生である。

酒井《さかい》先生は東南アジアの熱帯雨林で主に調査されており、動物による花粉の送粉《そうふん》を研究されていた。動物散布は研究されていないものの、同じ動物と植物の共生関係の研究ということで、ご指導いただけることになった。酒井《さかい》先生に出会えたのは本当に幸運であった。一つには、研究の指導者としてすぐれていたこと、二つには、ぼくの現在のフィールドワークの地である「小川の森」に導いてくれたことである。

酒井《さかい》先生とどういう研究をしたいか打ちあわせをした際、ぼくにはまだ強い思い入れのある研究テーマはなかった。そこで、植物の研究が盛んにおこなわれている「小川の森」で研究材料を探せば効率的に研究できるのではないか、という流れになった。では小川の森で何をするか、ということで小川の森を管理している森林総合研究所の正木《まさき》隆《たかし》さんと柴田《しばた》銃江《みつえ》さんを訪ねた。そこでお二人から研究テーマを二つ、提案された。「栃木《とちぎ》県日光市でツキノワグマ（月輪熊、胸に白い三日月模様がある）の種子散布を調べる」、「小川の森で鳥の種子散布をすべて調べあげる」の二つである。後者の研究テーマは、小川の森で鳥に散布される全種類の樹木の種子散布を見てみる、というものであった。

この二つの研究テーマについて、ツキノワグマは一度も見たことがなく、あまりイメージがわかなかった。一方で、小川の森に生えている樹木は大学の実習で覚えたなじみのあるものであったし、鳥もバードウォッチングで見聞きしているものばかりであった。そのため、あまり深く考えずに後者を「やります」と言った記憶《きおく》がある。そのとき、正木《まさき》さんは「この研究は大変だよ」と念押《ねんお》ししたらしいのだが、こちらは記憶《きおく》にない。が、あとで述べる調査は実に大変なものであった。

◆初めて訪問した小川の森

ぼくが初めて小川を訪れたのは、二〇〇五年の秋だった。酒井《さかい》先生が自身の調査で小川に行くというので、見学に連れていってもらったのだ。京都から新幹線と電車を乗り継《つ》いで三時間半かけて茨城《いばらき》県つくば市まで行き、そこからさらに車で二時間。そんな遠いところまで来ての最初の感想は、すいぶん寒いなぁ、というものだった。小川は茨城《いばらき》県の北端《ほくたん》、福島県との県境に近い北《きた》茨城《いばらき》市にあるのだが、標高は六百五十メートルほどもあり、寒さは東北地方の北部と同じくらいとのことだった。木々も葉を落としており、景色も寒々しいものだった。

今回の酒井《さかい》先生の調査目的は、ハリギリ（針桐、桐《きり》のような材質で幹にトゲがある）の果実採集だった。先生は目当てのハリギリを見つけると、木の枝からぶら下がっていたロープを使ってグイグイと登り始めた。高さ十数メートルの大枝に至ると、そこを足場として果実がついた枝をのこぎりで切り落としはじめた。ぼくはロープ一本でするすると木登りをする技術にビックリしていたが、ふと周りを見渡《みわた》すと、さまざまな木からロープやハシゴがぶら下がっているのが目に入った。きっと、いろんな目的で木に登る人がいるのだろう。なんだかすごいところだなと

←秋の小川の森

ロープを伝ってブナの →
巨木《きょぼく》に登る。

←山開きの調査風景

木の太さを測る。→

上：木にプレートをつける。次回も同じ位置で測れるように、プレートの下にスプレーがしてある。
左：芽生えに旗をつける。

思った。

再び小川の森を訪れたのは、二〇〇六年の五月だった。このときの森の景色は前回とは一変していた。木々がいっせいに芽吹《めぶ》いているさまは金色の海のようだった（裏表紙の写真）。足元を見ると、ニリンソウ（二輪草）の白い花やムラサキケマン（紫華鬘）の紫《むらさき》の花が咲《さ》き乱れていた。小川は標高が高いため、五月が早春の季節なのであった。今回は山開き調査への参加が目的だった。

山開き調査は、森林総合研究所の研究者を中心に毎年二十人くらいが集まり、木々の太さなどを測る毎木調査、芽生え（発芽してまもない樹木の赤ちゃん）の発生調査などをおこなうものである。この調査を手伝っていると、すごいのは木登りだけではないことが分かってきた。まず驚《おどろ》いたのは、木にはみんなアルミプレートがつけてあることだった！　六ヘクタール（縦二百メートル、横三百メートル）の方形区の中に生えている直径五センチ以上の木、約五千本にプレートをつけているという。プレートをよく見ると、それぞれちがった数字が刻んである。数字で一本一本の木を区別していて、その数字と記録を照らしあわせることによって、その木が何という名前で、どこに生えていて、太さがどのくらいかが分かるという。しかも二十年以上も太さを測っているので、いつ出現した木で、どのくらいの早さで大きくなっているかも分かるのだ。

次に芽生え調査である。方形区には十メートル間隔《かんかく》で杭《くい》が打ってあるのだが、その横には縦横二メートルの枠《わく》が作ってあり、そこに生えている幼樹や二年生以上の芽生えの幹にはみんなビニールテープのタグが打ってあって、一本一本区別している。さらに方形区の中心一・二ヘクタールでは、杭《くい》の横に縦横一メートルの枠《わく》が作ってあって、今年生まれの芽生えに旗をつけ、これまた一本一本区別しているのだ。そして、この枠《わく》のとなりには種子を取るためのトラップが設置してあった。

小川では、種子から芽生え、幼樹、親木まで、つまり赤ちゃんから大人になるまでのすべての

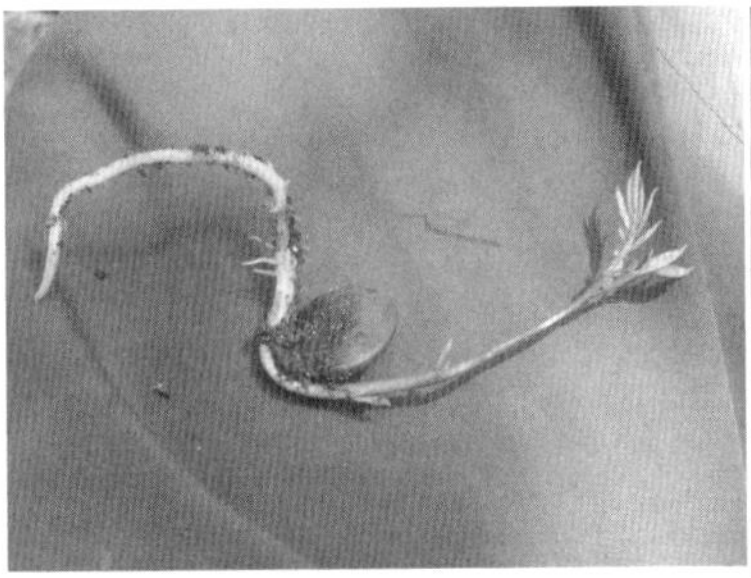

上：フジの芽生え
右：ミズナラの芽生え

段階を調べているのだ！　ぼくにとってこんなに労力がかかっている調査地を見たのは初めてだった。聞けばこのような試みは世界でも初めてだったという。最後に印象的だったのは、柴田《しばた》さんが一本のあるブナ（橅）の大木を見て「この子はあまのじゃくで、ほかのブナと同じ年には実をつけないんだよ」とおっしゃっていたことだった。ブナは五、六年に一度しかまともに実をつけない。そのため柴《しば》田《た》さんの発言内容は、たくさんのブナの木の実り具合を、十年以上は調査しないと分からないことだった。たくさんの労力をかけて調査することで、同じブナの木でも個性があることを明らかにする。小川の森は「本当に」すごいところだったのだ。

研究の拠点《きょてん》、山形荘《やまがたそう》

◆小川での生活

小川の森は小川という山村の外れにあり、研究者は村の中にある民家を丸ごと借りて研究の拠点《きょてん》としている。いざともなれば二十五人ほどは宿泊《しゅくはく》できる、かなり大きな家である。村の設備を使わせていただくことで、水道やガス、電気は不自由なく使えるし、ここ数年で携帯《けいたい》電話も通じるようになった。

小川での研究が始まった当初は森の近くに宿舎はなく、研究者たちはキャンプ生活で、飲み水に雨水を利用することもあったという。当時を想像すると大変便利になったものだと思う。ただし、風呂《ふろ》は宿舎になく、車で片道二十分のところにある温泉に行く。少し面倒《めんどう》ではあるが、露天風呂《ろてんぶろ》に入るのは良い気分転換《てんかん》になるし、道中、タヌキ（狸）やアカギツネ（赤狐）、フクロウ（梟）といった夜行性の動物に出会えるのは楽しみでもある。

また宿舎にエアコンはついていないが、標高六百五十メートルにもなるので、八月中旬《ちゅうじゅん》の盛夏以外は暑さをあまり感じない。逆に秋冬はとても寒い。小川は太平洋側にあるので、雪は降っても三十センチ程度だが、道路が凍《こお》ってあぶないこともあって、ほとんどの研究者は十二月で調査を終える。寒さ対策のため、コタツ、石油ストーブ、薪《まき》ストーブなど暖房《だんぼう》設備は充実《じゅうじつ》している。

このありがたい宿舎を提供してくれているのは、かつてこの家の住人であった山形一《やまがたはじめ》さんである。山形さんは就職でいったん小川を離《はな》れたものの、退職後、山を下りたところにある町から農作業をするために通いで来ている。山形さんはもう七十歳《さい》を超《こ》えているが、我々研究者よりも野外で活動されている時間は長い。自身の田畑を管理するだけでなく、放棄《ほうき》された田んぼをソバ（蕎麦）やアヤメ（綾目）の畑にしたり、あるいは川魚のカジカ（鰍）の繁殖《はんしょく》を試みたり、はたまたお祭りを企画《きかく》したりとその活動内容も実に幅広《はばひろ》い。小川の研究者は五月の山開きと十二月の山じまいに宴《うたげ》を開くのだが、その場で山形さんにソバやカジカなどをふるまっていただくのは毎年の楽しみである。

第2章
動物による種子の散布

◆種子散布の役割

ここで動物散布とはどういうものか、具体的にはどんな役割があるのかを見ておこう。

まず種子散布とは、植物のタネの散布、つまりタネまきのことである。野菜や果物、ソバなどの作物であれば、ヒトがタネをまく。でも野生植物では、親植物が自らタネをまく。それも広い範囲《はんい》にタネをばらまけるようにさまざまな工夫をおこなっている。なぜ植物はタネをまく必要があるのだろう？　もちろん、自分の子孫を残すためであるが、同時に、自ら動くことができない植物にとって、種子散布は貴重な移動の機会なのだ。

我々ヒトは動物であり、容易に移動することができるので、移動することで何の得があるのか、逆に分かりづらいかもしれない。では、今この本を読んでいる場所から一歩も動けなくなることを想像してみよう。それも一時的に動けないのではなく、一生動けなくなってしまうのだ。植物と同じようにまったく動けなくなった場合、そして誰《だれ》も助けてくれない場合、我々はどういった場所なら生きていけるだろうか？　まず、水と食べ物がなければどうしようもない。動かなくても水と食べ物が手に入る場所でなければ、すぐに死んでしまう。また、寒すぎる場所でもいけないし、暑すぎる場所でもだめだ。さらに、台風などの自然災害、クマやハチなどの動物におそわれない安全な場所でないといけない。移動ができない場合、そのままの場所で生きていくことは非常に困難であることが分かってもらえただろうか。こう考えていくと、移動を可能にする種子散布は、植物にはとても大事なことだと思えてくる。しかも、一年しか生きない草も数百年を生きる樹木も、種子散布されるのは一生にたった一度。一度で良い場所に移動できなければ、死んでしまう。まさに命がけなのだ。

植物が種子散布によって受ける利益を、植物の立場からもう少しくわしく説明しよう。種子散布には、大きく三つの利益が考えられている。親から逃《に》げられること、新天地へ移住できること、遺伝子を交流できることの三つである。

◆親から逃《に》げる

子植物は、親植物から逃《に》げたがっている。言葉だけを見ると、悪いことのように思えるかもしれないが、実際はまったくちがう。我々ヒトをはじめとする哺《ほ》乳類《にゅうるい》や鳥類の場合、子どもは親に育ててもらうが、植物は一般《いっぱん》に、親から離《はな》れたほうが利益があるのだ。たとえば、種子が散布

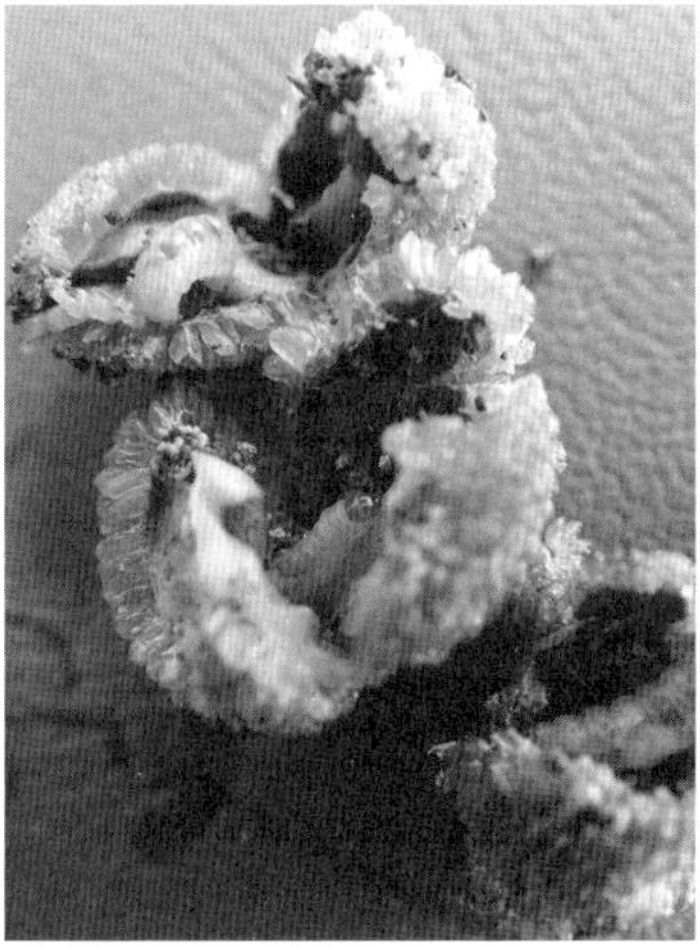

ヤマモモキバガの幼虫に種子を
食べられているヤマモモ

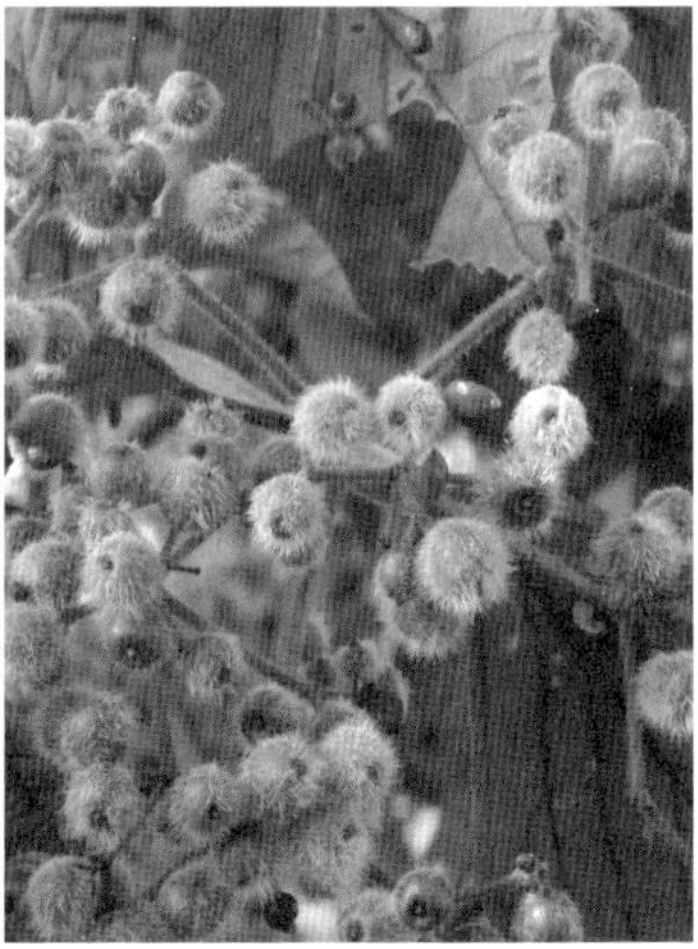

かびたミヤマガマズミの果実

されずに親木の真下に落ちてしまった場合、まず捕食者《ほしょくしゃ》におそわれてしまう。なぜなら、散布されなかった種子はすべて親木の下にたまり、親木の下は種子でいっぱいになるからだ。この栄養たっぷりの種子を求めてたくさんの捕食者《ほしょくしゃ》が集まってくるのだ。捕食者《ほしょくしゃ》には、菌類《きんるい》、昆虫類《こんちゅうるい》（ガやゾウムシなど）、鳥類（キジやハトなど）、また哺乳類《ほにゅうるい》（ネズミなど）といったさまざまな生物がいる。

植物もおそわれないように抵抗《ていこう》していて、種子の外側の部分（種皮という）を固くして中身を食べられないようにしたりする。ただ敵もさるもので、どうにか工夫して食べてしまう。次ページの写真は、オニグルミ（鬼胡桃）の割れた種子である。オニグルミの種皮はとても固く、ヒトでも道

ニホンリスに割られたオニグルミの種子

具なしに割ることはむずかしい。でも、この種子を割ったのは道具を持ったヒトではない。ニホンリス（日本栗鼠）の仕業である。ニホンリスがその強力な前歯で種子の周りをひとまわりかじって、割ってしまったのだ。こういった捕食者《ほしょくしゃ》によって、親木の下に落ちた種子の大部分は食われてしまう。

それでも運良く生きのびて、芽生えになったとしよう。次は親木や兄弟木と、資源の奪《うば》いあいである。親木も芽生えも地面に根を張って、成長に必要な日光や水、栄養分を体に取り込《こ》む必要がある。でもそういった資源は限られていて、みんなに十分な量がいきわたるわけではない。ほとんどの資源は、芽生えよりはるかに体の大きい親木が

イモ虫に食われる芽生え

取ってしまう。残った分も、芽生えより先に生まれて大きくなっている兄弟木たちのものになる。結果として、生まれたばかりの芽生えにはほとんど何も残らなくなってしまう。

また、芽生えになっても、捕食者《ほしょくしゃ》がいなくなるわけではない。芽生えの柔《やわ》らかい葉っぱを食べるイモ虫はたくさんいるし、菌《きん》も病気を引き起こそうと芽生えが弱るのを待っている。そんな状況《じょうきょう》で親木が寿《じゅ》命《みょう》で倒《たお》れて資源が利用できるまでの数十年、あるいは数百年を耐《た》え忍《しの》べるものは、まずいない。

◆新天地へ移住する

種子散布されることで、親木がすんでいる森とはちがう、新天地へ移住することにはつぎのような利

大木が倒《たお》れて林冠《りんかん》に大きな空間、ギャップができた。 →

← ギャップでは地面まで光が届く。

益がある。競争相手や捕食者《ほしょくしゃ》が少ないところへ移住できると、すくすくと育つことができる。さらに、水や栄養分をたっぷり含《ふく》んだ土のある場所や、大きな木が生えていなくて日当たりの良い場所に移住できれば、芽生えにとってはとても有利である。

新天地に移動するという種子散布の役割は、近年ではどんどん大きくなっている。なぜなら、地球の温暖化によって植物の生育に良い場所の位置が変わりつつあるからだ。かつては生育にちょうど良い温度であった場所でも、今では暑すぎて生きていけないような場所に変わりつつあるのだ。このような場合、植物はちょうど良い温度の場所に移動する必要がある。種子散布によって新天地に移動できなければ、多くの植物が滅《ほろ》んでしまうだろう。

◆遺伝子を交流する

遺伝子とはかんたんに言うと、親から子に伝わるさまざまな体の特徴《とくちょう》のことである。ヒトの場合、たとえば、髪《かみ》や目、肌《はだ》の色や、顔の形などは遺伝子によって決まる。我々の肌《はだ》が黄色くて、また目が黒いのは日本人を含《ふく》むアジア人が共有して持つ遺伝子によるものだ。

さて、子どもを作るとき、親同士は血縁関係にないほうが良いとされている。これは血縁関係が近い者同士は遺伝子が似通っているためである。遺伝子には体に問題を引き起こす有害なものもある。こういった遺伝子は片方の親だけからもらった場合は体に影響《えいきょう》しないことが多い。しかし、両親から共通の有害な遺伝子をもらった子どもでは、問題のある体の特徴《とくちょう》が現れてしまう危険がある。

この問題は動物でも植物でも同じように起こる。そして、植物は長距離《ちょうきょり》の種子散布をおこなうことで、問題を解決している。ふつう、種子の散布距離《きょり》はそれほど長いものではなく、親木から数十メートルの距離《きょり》のものがほとんどだが、ときには数キロから数十キロにもおよぶ長距離《ちょうきょり》の散布になることもある。そうすると、ふだん出会うことのない仲間に会うことができる場合があ

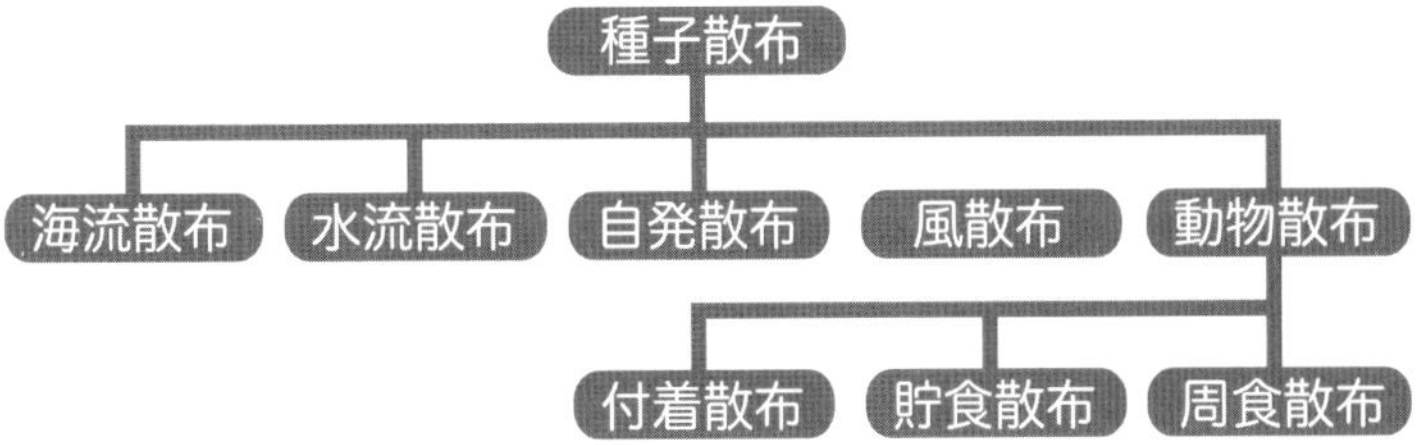

さまざまな種子散布タイプ

る。ヒトでいうと、となり町や別の県、あるいは別の国の住人に会うようなものである。一般《いっぱん》に離《はな》れた場所に行くほど、仲間の持っている遺伝子は自分と異なるようになる。これは日本から離《はな》れた国の住人ほど、肌《はだ》や目の色など体の特徴《とくちょう》がちがっていることからも理解できるだろう。植物の場合、長距離《ちょうきょり》の種子散布でたどり着いた場所で大人になって、そこの仲間と子どもを作ることができれば、その子どもはそれぞれの親から異なる遺伝子をもらうことができ、健康に育つことができる。

◆さまざまな種子散布タイプ

このような三つの利益から、植物は種子散布のためにいろいろな工夫をしている。まず、何に種子を運んでもらうかであるが、この時点でさまざまなものがある。大きくは、海流散布、水流散布、自発散布、風散布、動物散布がある。

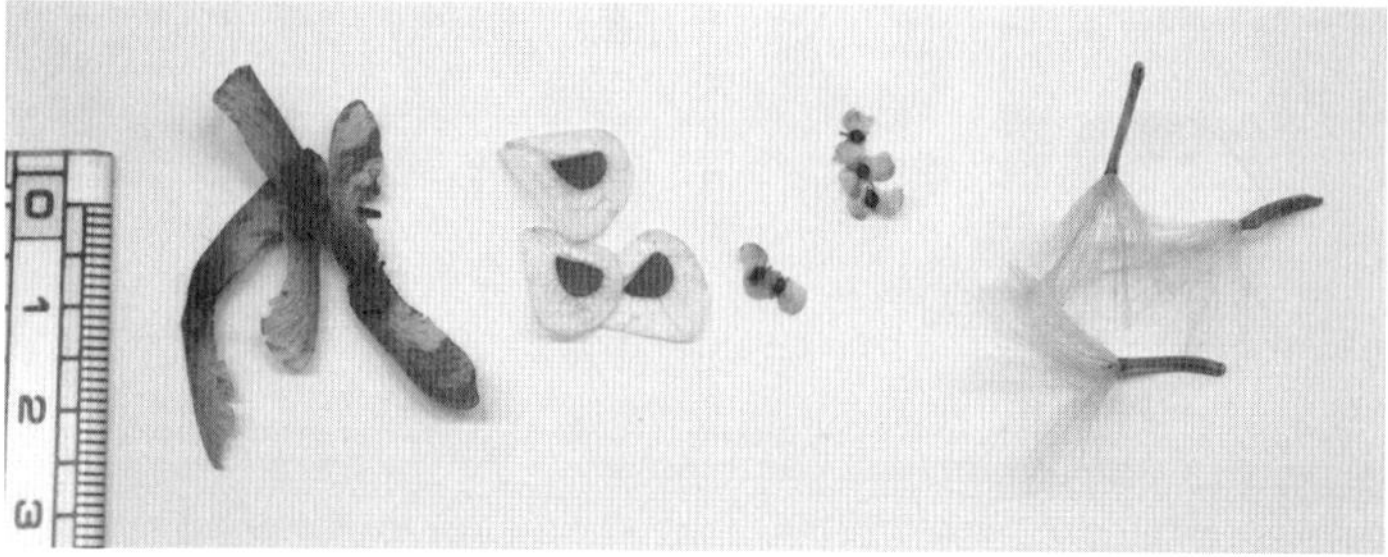

いろんな形の風散布種子。左からコハウチワカエデ、ウバユリ、ウダイカンバ（鵜飼漁《うかいりょう》で「たいまつ」に使われる）、カシワバハグマ

海流散布は、海の流れを利用して種子を運ぼうとするものである。海岸近くの植物で見られる種子散布タイプで、種子の内部に空気の入るすき間を作ることで数か月もの間、海に浮《う》かぶことができる。また、何かにぶつかっても壊《こわ》れないように種皮を頑丈《がんじょう》にしてある。ヤシが作るココナッツなどがその代表である。海流に乗って運ばれるので、うまくすると数千キロも移動すると考えられている。

水流散布も水を利用するのは同じだが、こちらは川の流れにのって散布される。クルミがその代表的なもので、これらの種子の内部にもすき間がある。

自発散布は植物自身の力で何とか散布しようとするものである。果実をバクハツさせることで種子を飛ばすのだ。エンドウ（豌豆）やフジ（藤）のようなマメやスミレがその代表である。

風散布は、風を利用して種子を散布する。そのため風を受けて種子が遠くまで散布されるように、種子に翼《つばさ》をつけている。あるいは、風を受けてふわふわ飛ぶように綿毛をつけている。種子に翼《つばさ》をつける植物としてはカエデ、綿毛をつける植物としてはタンポポがその代表である。

最後に動物散布であるが、これは何とかして動物を利用して種子を散布させようというものである。動物散布はこの本の話題の中心なので、もう少しくわしく説明しておこう。

◆動物散布にもいろいろある

動物散布には大きく分けると三種類ある。動物に種子がくっつく付着散布、種子が食べ残される貯食散布、果実ごと種子が飲み込《こ》まれる周食散布の三つである。

付着散布は、種子の表面をくっつきやすいように加工して、動物の毛に付着して運ばれる散布タイプである。みなさんがひっつき虫としてふだん遊んでいるであろう植物の種子は、付着散布種子だったのだ。毛を持つ動物は鳥類と哺《ほ》乳類《にゅうるい》だけなの

服に付着したヌスビトハギの種子

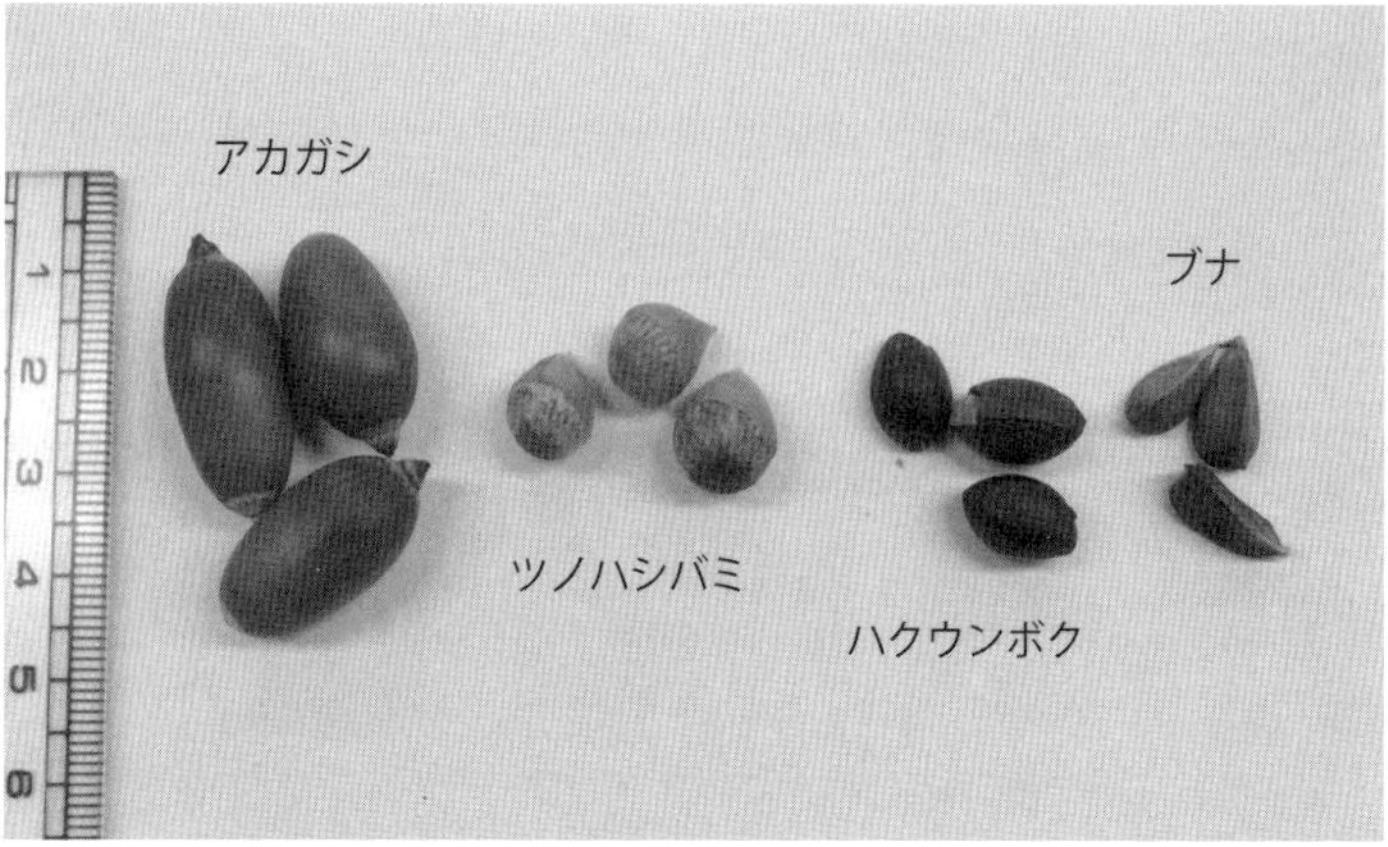

さまざまな貯食散布種子（ドングリ）

で、種子散布に利用できる動物は限られているが、その効果はみなさんが体感されているとおりである。ボタンやファスナーの代わりに用いられる面ファスナー（商品名マジックテープ）は、この付着散布の種子を参考に作られたと言われている。

貯食散布はかなり複雑な散布タイプだ。先ほど、親木の下に落ちた種子はさまざまな動物に捕食《ほしょく》されると述べた。これらの動物の一部、カラスやネズミの仲間には種子を食べる前に貯め込《こ》むものがいる。種子を見つけたときにそれほどおなかがすいていなければ、今後のたくわえとして隠《かく》しておくのである。彼《かれ》らは種子を地面に埋《う》めて落ち葉をかぶせたり、木のウロに入れたりして盗《ぬす》まれないように隠《かく》しておく。ところがヒトと同じで、隠《かく》し場所のいくつかは忘れてしまうことが

上：木のウロから発芽したハクウンボクの芽生え
左：ミズナラのドングリを持ったアカネズミ

ある。あるいは貯め込《こ》んだ量が多くて、食べつくす前に種子が発芽してしまうこともある。このように、動物側は種子を食べるつもりで持ち運ぶのだが、一部の食べ残しは移動先で発芽できる、というものである。

貯食散布をおこなう植物はブナやハシバミ（榛）の仲間で見られる。一般《いっぱん》にこれらの種子はドングリと言われる。カラスの仲間であるカケス（懸巣）などは、ドングリを日当たりの良い地面に数メートル間隔《かんかく》で、二、三センチの深さに埋《う》めるという。この埋《う》め方はドングリが発芽したり成長するのに理想的なものだ。このような埋《う》め方をしてくれるのであれば、ほとんどのドングリが食べられてしまっても、それに見あう利益があるのかもしれない。

周食散布は、動物が種子の周りの果肉を食べる（周

ハゼノキの果実を食べるメジロ

食）目的で種子ごと飲み込《こ》み、種子を吐《は》き出したりフンとして排出《はいしゅつ》することで散布される散布タイプである。すなわち、植物は種子を散布されてうれしい、動物は食べ物を手に入れられてうれしい、という美しい共生関係を築いている。その果実の色や形は、実にさまざまである。我々ヒトが食べている果物は、みんな周食散布をおこなう植物のものである（ヒトのフンはトイレに流されてしまい、散布されないが……）。

植物にはおいしい果実をつける以外に工夫しているものもいる。哺乳類《ほにゅうるい》は鳥類とちがって歯があるので、彼《かれ》らに果実を食べられているうちに歯で種子が傷つけられてしまう可能性がある。そこで、哺乳類《ほにゅうるい》が好んで食べる果実では、種子を小さ

上：ハシブトガラスのペリット（消化できない固形物を吐《は》き出したもの）に含《ふく》まれるミズキの種子
左：ツキノワグマのフンに含《ふく》まれるヤマブドウの種子

くすることでかみ砕《くだ》かれる可能性を低くしている。さらに、種子にぬるぬるした物質をまとわせて、かみ砕《くだ》かれにくいようにしている果実もある。トマトなどはその代表的な例である。ためしに、トマトの種子をかもうとしてみてほしい。なかなかうまくいかないことが分かってもらえるだろう。

これまで多数の散布タイプを解説してきたので、みなさんは周食散布をおこなう植物は、植物全体の中では少数派だと思われたかもしれない。ところがさにあらず、周食散布は植物全体の三分の一を占《し》めると言われている。さらに、温帯の森林の樹木のうち三十五から七十一パーセント、熱帯の森林の樹木では七十五から九十パーセントが

鳥に果実を持ち去られる前（右）と後（左）のマムシグサ

周食散布をおこなうとされている。つまり、我々が目にする森は、動物によって作られ、動物によって維持《いじ》されている森なのだ。そして我々は、その恩恵《おんけい》に大いにあずかっている。たとえば、動物たちのために植物が作った果実をヒトは分けて食べさせてもらっている。バナナ、パイナップル、サクランボ、カキ、ミカン、ブドウなど、数えあげればきりがないくらいだ。しかし、森林の半分以上の樹木が周食散布だと考えれば、ヒトが見つけていないおいしい果実はまだまだ残っているかもしれない。

また、樹木は道具の材料としての価値も大きい。たとえばカキの仲間であるコクタン（黒檀）などは高級木材として家具や仏壇《ぶつだん》、ピアノなどに使われているし、サルナシ（猿梨）やアケビ（木通）などのツルはかご作りに、マユミ（真弓）やカマツカ（鎌柄）は文字通り弓や鎌《かま》の柄《え》に使われてきた。また、薬の材料に使われるものもとても多い。キハダ（黄肌）の樹皮は古くから整腸作用があるとして漢方薬に用いられてきた。またイチイ（一位）の樹皮は抗《こう》がん剤《ざい》の材料に使われている。ヒトは我が物顔で森を切り開き、資源を奪《うば》っていくが、そもそも動物たちがいなければこのような資源は存在しないのだ。

周食散布には、非常に多くの動物が参加する。鳥類、哺乳類《ほにゅうるい》、カメ類、トカゲ類、魚類、アリ類、バッタ類、カニ類、ナメクジ類などが種子散布をおこなうことが知られている。その種類の多さには驚《おどろ》かされるが、研究者の調べが足りていないだけで、本当はもっと多くの動物が種子散布に参加しているかもしれない。植物の多くが動物を散布者として利用しているが、動物も果実を食べ物として大いに利用しているのだ。

散布者の中でも、鳥類と哺乳類《ほにゅうるい》は特に重要な動物と考えられている。鳥類、哺乳類《ほにゅうるい》といっても、その姿かたちや生活は実にさまざまである。鳥類では、メジロ（目白、目のまわりが白いことから）やヒタキの仲間のような小型のもの（体長十〜十五センチメートル、十グラム程度）か

ゴシキドリの仲間（タイ）

サイチョウの仲間（タイ）

ら、ムクドリ（椋鳥）やゴシキドリ（五色鳥、羽の色がカラフルなことから）のような中型のもの（二十五〜三十センチメートル、百グラム程度）、カラスのような大型のもの（五十〜六十センチメートル、五百グラム程度）、さらに大きなサイチョウ（犀鳥、クチバシにサイのような角がある。一メートル、三キログラム程度）やノガン（野雁。一メートル、十八キログラム程度）までがいる。以上は飛ぶことのできる鳥たちだが、飛べない鳥にはヒクイドリ（火食い鳥。一・五メートル、六十キログラム程度）などの巨鳥《きょちょう》もいる。

　哺《ほ》乳類《にゅうるい》でも、ヤマネ（山鼠、冬眠鼠とも）のような小型のものから（七センチメートル、二十グラム程度）、タヌキやアカギツネのような中型のも

ムサンガの果実を食べるゴリラ（ガボン共和国）

の（六十センチメートル、五キログラム程度）、ツキノワグマのような大型のもの（一・五メートル、百キログラム程度）、アフリカゾウのような超《ちょう》大型のもの（七メートル、六千キログラム程度）とさまざまな大きさのものがいる。実はここで紹介《しょうかい》した鳥類と哺乳類《ほにゅうるい》は、みな種子を散布する。すべての鳥類と哺乳類《ほにゅうるい》が種子を散布するわけではないが、特定の動物ではなく、実に多くのものが散布することが分かっていただけたかと思う。

周食散布をおこなう植物の多くは、主要な種子散布者である鳥類と哺乳類《ほにゅうるい》に食べられるように果実を進化させてきた。

鳥類に主に散布される植物では、果実は小さく、

主に鳥類に散布される植物
①ヌルデ　②ヤマシャクヤク　③ムラサキシキブ　④ミズキ

赤色や青色など色鮮《いろあざ》やかなものが多い。果実が小さいのは、鳥のくちばしが比較的《ひかくてき》小さいこと、彼《かれ》らは果実を丸呑《まるの》みするので小さいほうが食べやすいことを反映している。果実が色鮮《いろあざ》やかなことは、鳥類の色覚が影響《えいきょう》している。鳥類は、ヒトと同じくらい、あるいはそれ以上にさまざまな色を見分けることができる。また、視力も良い。植物は果実の色を鮮《あざ》やかにすることで、目の良い鳥類に果実を効率的に見つけてもらっているのだろう。また、我々ヒトからすると味は甘《あま》みが弱くてそっけないもの、苦みが強くてまずいものが多い。これは味覚がヒトと鳥で異なっているためなのかもしれない。ヤマザクラ（山桜）やヤマ

主に哺乳類《ほにゅうるい》に散布される植物
①アケビ　②ニガイチゴ　③ジャックフルーツ（中国 シーサンパンナ）　④ドリアン（マレーシア）

ウルシ（山漆）、ムラサキシキブ（紫式部）の果実などがその代表的なものである。

哺乳類《ほにゅうるい》に主に散布される植物では、果実は大きく、色は緑や薄黄色《うすきいろ》など目立たないものが多い。果実が大きいのは、哺乳類《ほにゅうるい》は体が大きく、また果実を歯で割って細かくして飲み込《こ》めることを反映している。ゾウだけが散布する果実はとてつもなく大きく直径三十五センチにも及《およ》ぶ。果実が目立たない色をしているのは、哺乳類《ほにゅうるい》はヒトを含《ふく》む霊長類《れいちょうるい》（サルの仲間）や一部のネズミ類を除き、色覚が発達していないことを反映していると思われる。哺乳類《ほにゅうるい》の多くはあまり色を区別できておらず、視力も良くない。そのため、哺乳類《ほにゅうるい》に散布される植物は、色を鮮《あざ》やかにしても意味がないのだろう。

一方で、強いにおいを発するものが多い。においが強すぎて飛行機への持ち込《こ》みが禁止されるドリアンはその典型である。なぜ強いにおいを発するのだろうか？　果実のにおいの役割はほとんど分かっていないのだが、哺乳類《ほにゅうるい》の嗅覚《きゅうかく》が影響《えいきょう》しているのではと想像されている。イヌやクマ、ゾウなどの顔を思い浮《う》かべてほしい。彼《かれ》らの顔の特徴《とくちょう》の一つは、その大きな鼻である。哺乳《ほにゅう》類《るい》は鳥類に比べて鼻が大きく、嗅覚《きゅうかく》がすぐれている。そのため、哺乳類《ほにゅうるい》に散布してもらう植物では、においを利用して哺乳類《ほにゅうるい》に効率的に見つけてもらおうとしているのだろう。

実は、我々がふだん食べている果実のほとんどは哺乳類《ほにゅうるい》散布型の植物である。品種改良がされていない野生の果実であっても、哺乳類《ほにゅうるい》散布型のものはおいしく感じるものが多い。きっと、味の点でも哺乳類《ほにゅうるい》好みになっているのだろう。日本に分布している果実として代表的なものには、サルナシ（キウイフルーツの仲間で、キウイフルーツよりおいしい！）、ヤマブドウ（山葡萄）、カキノキ（柿の木）、ヤマナシ（山梨）などがある。

周食散布型植物の種子は動物に散布されないと移動しようがないのに対して、動物は果実以外にも食べ物がある。つまり植物は動物がいないと生きていけないが、動物は果実がなくてもすぐに死んでしまうわけではない。そのため、動物は植物に比べると、果実を食べるために進化したと思われる特徴《とくちょう》は少ない。ただし、いくつか分かっていることがあるので紹介《しょうかい》してみよう。

キツネのような顔をしたオオコウモリの仲間（熱帯に分布。日本でも沖縄《おきなわ》や小笠原《おがさわら》にいる）は果実を好んで食べるが、彼《かれ》らの口の形は昆虫食《こんちゅうしょく》や肉食のコウモリと異なっている。オオコウモリの口は短くて幅《はば》が広く、極端《きょくたん》に言うとヒトの口に近い。一方で、昆虫食《こんちゅうしょく》、肉食のコウモリの口は長くて幅《はば》が狭《せま》く、イヌの口に近い。昆虫食《こんちゅうしょく》、肉食のコウモリでは口を細長くすることで、獲物《えもの》をくわえた際に逃《に》げられないようにしているのだろう。オオコウモリは逃《に》げることのない果実を食べることから口を細長くする必要はなく、また丸くて大きい果実を飲み込《こ》むために幅広《はばひろ》にしていると思われる。

また果実をよく食べる鳥では、腸が短いこと、肝臓《かんぞう》が大きいことが知られている。食べ物を消化吸収する腸が短いのは、果実のほとんどが水分で作られていて、消化しやすいためだろう。我々も風邪《かぜ》を引いた時はリンゴなどの果物をよく食べることを思い出してほしい。次に肝臓《かんぞう》だが、肝臓《かんぞう》には食べ物の解毒をおこなう役割がある。一部の植物の果実には毒が含《ふく》まれているが、鳥は肝臓《かんぞう》を大きくすることでその毒を分解しているらしい。ナスの仲間ベラドンナは「魔女《まじょ》の草」とも言われ、中世ヨーロッパではその果実の悪用によって何人も毒殺されている。ところがヨーロッパにいるツグミの仲間は、その実を気にせず食べている。ツグミにおいて、ベラドンナの致死量《ちしりょう》はヒトの千倍ということである。ツグミの体重は六十グラムほどで、ヒトの千分の一しかないにもかかわらず、である。肝臓《かんぞう》の力だけによるものかは分からないが、ただただ驚《おどろ》くばかりである。

さて、周食散布では動物によって種子が散布される。そこが一番面白いところであり、またむずかしいところでもある。どのような要因が種子散布に大きく関わっているか、見つけるのが大変なのだ。たとえば風散布をおこなう植物では、樹高（すなわち種子が落ち始める高さ）、風速、種子の形（どんなふうに風に乗るか）、種子の重さなどから正確に種子の散布距離《きょり》を予測できる。樹高が高いほど、風が強いほど、種子が翼《つばさ》を発達させているほど、また種子が軽いほど散布距離《きょり》が長くなることが分かっている。いくつも散布距離《きょり》に影響《えいきょう》する要因を挙げてみたが、紙飛行機を飛ばしてみれば、これらの要因が影響《えいきょう》することはすぐに理解できるだろう。水流散布も、川の流

ニホンザル

ツキノワグマ

れる速さや流れる向きで物理的に決まるので、理解しやすい。

　しかし、周食散布ではそうかんたんにはいかない。理由はいくつかあるが、一つには一種類の植物の種子散布に何種類もの動物が参加していることにある。たとえば、ある植物の散布距離《きより》を求めようとすると、その植物の散布者すべての散布距《きょ》離《り》を求めなければならない。ニホンイタチ（日本鼬）による散布距離《きょり》、タヌキによる散布距離《きょり》、アカギツネによる散布距離《きょり》、ニホンザル（日本猿）による散布距離《きょり》、ツキノワグマによる散布距離《きょり》……、といった具合である。また、どの動物がどれだけ種子を散布しているかも調べる必要がある。行動範囲《はんい》の広いツキノワグマが長距離《ちょうきょり》に種子を散布していたとしても、その散布量が少なければ、クマが全体の散布距離《きょり》に与《あた》える影響《えいきょう》はそれほど大きくないことになる。さらに、動物によって種子を散布する場所にちがいがあるのだ。たとえば、タヌキやアナグマ（穴熊、穴を掘《ほ》ることから）は自分のトイレを決めていて、その場所にフンをする。鳥類でも種類によっては、さえずりをおこなう場所を決めていて、そこでフンをする。こういった散布場所のちがいが芽生えの生育などに影響《えいきょう》を与《あた》えるとされている。動物の種類ごとに種子の散布距離《きょり》や散布場所を調べるのはとても大変で、定量的な研究はあまり進んでいない。

●コラム① 完全なベジタリアン

ベジタリアン（日本語では菜食主義者）と呼ばれる人々がいる。彼《かれ》らは基本的に植物しか食べない。なぜなら、ウシやブタ、ニワトリなど動物を殺して食べるのに抵抗《ていこう》を覚えるからである。日本ではあまり見かけることはないが、世界的には、かなりの人々が宗教的、あるいは道徳的な理由でベジタリアンになっている。アメリカや台湾《たいわん》では、一割の人々が多少なりとも動物食を控《ひか》えているらしい。

でも植物だって生きているし、もし会話できるのなら「食べないでくれ！」と言うにちがいない。ベジタリアンでも、植物を傷つけていることはまちがいない。ヒトを含《ふく》む動物は、他の生き物を食べてエネルギーを得るしかないので、仕方がないことではある。そんななかで、果実だけは例外である。果実は我々に「さあ食べてくれ！」、と植物がわざわざ用意してくれているごちそうなのだ。

果実を食べることに対して植物が求めていることは、「種子を壊《こわ》さないでくれ！ また、種子を運んでくれ！」というものである。我々はスイカを食べて種子を吐《は》き出しているが、この行為《こうい》

ヤマブドウ

サルナシ

こそ、実は植物が望んでいることなのだ。スイカやカキなどの外来植物や栽培《さいばい》植物の種子を散布して野外で増やすことは、もともと日本にいる在来植物をいじめることにつながるので、おすすめできない。でも、日本の野生植物にもおいしい果実をつけるものはたくさんある（食べるときは衛生面にご注意を）。サルナシやヤマブドウ、アケビなどを見つけたらぜひ味わってほしい。そして、少し離《はな》れた場所で種子を吐《は》き出してほしい。彼《かれ》らは喜んでいるであろう。これこそ植物も認める、完全なベジタリアンである。

第3章

小川の森

◆小川の森とは

ここで、小川の森について紹介《しょうかい》しておこう。

まず、「森」という言葉を聞いて、みなさんはどんなイメージが思い浮《う》かぶだろうか？　きっとそれぞれがちがう森を想像しただろう。べったりとした濃《こ》い緑色で、太陽を浴びてキラキラと光っている常緑広葉樹の森を想像したのは、西日本や海の近くに住んでいる人だろう。同じように常緑だが、針葉樹のスギやヒノキばかりが生えていて、中に入るとシンと静まりかえっている森を想像したのは、林業が盛んな土地に住んでいる人だろう。都会に住んでいる人は、公園のように、樹木がまばらに生えた木立ちを想像したかもしれない。小川の森はそのどれともちがう、黄緑色の落葉広葉樹の森である。

小川の森は茨城《いばらき》県北茨城《きたいばらき》市関本町小川字《おがわあざ》にある。茨城《いばらき》県と言っても東北地方の福島県との県境にあり、標高も高いので年平均気温は十一度ほどと、かなり寒い地域にあたる。森の大きさは一平方キロ（〇・五×二キロメートル）ほど。小川の森は、ヒトの手がまったく入っていない原生林ではないが、少なくとも百年以上は伐採《ばっさい》の記録がなく、幹回り三メートルを超《こ》えるような巨木《きょぼく》が数多く生えている。

森林の主な構成種はブナ、イヌブナ（犬橅、葉のうらに毛がある。犬は毛があることから）、コナラ（小楢、ナラは実が生るの意）や数多くのカエデ類、シデ類である。樹木の多くは落葉広葉樹で、十一月頃《ころ》にはきれいな紅葉を見せる。小川の森の紅葉は黄色が主体で、そこにカエデやウルシの紅色が混じる。

紅葉の後は落葉が一気に進み、十二月に入ると樹木はほとんど葉を落としてしまう。その様子は、さながら原っぱに大きな棒が突《つ》っ立っているようである。この時期の森は視界をさえぎるものが少なくてとても歩きやすいが、生命の気配が感じられず、何ともさびしい感じである。

きびしい冬がすぎ、四月にもなると樹木がほとんどいっせいに芽吹《めぶ》き始める。「山笑う」という表現をご存じだろうか？　これは棒のようだった樹木のあるものは新しい葉を広げ始め、あるものは花を咲《さ》かせ始め、一面が落ち葉の茶色だった山が淡緑《たんりょく》や薄紅《うすくれない》など、さまざまに色づくことを意味していて、俳句の季語（春）になっている。この時期の山は何とも柔《やわ》らかく見え、風で葉や花が揺《ゆ》らぐさまは、さながら海のようである（裏表紙の写真）。この海の中、動物や植物は活発に動き始めている。昔のヒトは、このように山がにぎやかな様子に一変するのを指して、「山笑う」と表現したのだ。ぼくの研究の原動力の一つは、この桃源郷《とうげんきょう》のような光景が毎年見たいということかもしれない。

小川の森は一九八七年に、森林総合研究所によって試験地に指定されている。試験地というのは、明らかになっていない謎《なぞ》を解くため、調査・実験をおこなう目的で作られた場所のことだ。創始者のメンバーは森林総合研究所の中静透《なかしずかとおる》さん（現在は東北大学）、鈴木和次郎《すずきわじろう》さん（現在は只見町《ただみ》ブナセンター）、新山馨《かおる》さん、田中浩《ひろし》さん、正木隆《まさきたかし》さんらである。当時、木材に用いる針葉樹の試験地はたくさんあったが、広葉樹の試験地はほとんどなかった。また、試験地はヒトが苗木《なえぎ》を植えて管理している人工林ばかりであった。そのような背景から、小川の森は広葉樹の天然林を調べる目的で試験地となった。ヒトが手を入れなかった場合、広葉樹林がどのような動きを見せるのか調べようとしたわけである。

その後、多くの研究機関によって広葉樹の試験地が作られたが、小川の森の試験地はその規模の大きさやすぐれた研究デザインから、日本の天然林研究の第一線で活躍《かつやく》しつづけている。その成果は、二百を超《こ》える研究論文や数冊の本として出版されている。研究をおこなう上での魅力《みりょく》から、小川の森には北は青森県から南は鹿児島《かごしま》県まで、実にさまざまな研究機関から研究者がやってくる。研究対象も樹木、草、クモ、昆虫《こんちゅう》、鳥、ネズミ、コウモリなどと、とても幅広《はばひろ》い。対象がちがえば目的もちがう。ある人はネズミの数の年変動とエサであるドングリの豊凶《ほうきょう》の関係、ある人は森の年齢《ねんれい》とそこにすむ昆虫《こんちゅう》の種類の関係、また別の人は小川の森の数百年後の予測、といった具合である。このように多様な研究をおこなえるところに、小川の森の懐《ふところ》の深さを感じる。

小川で見られる代表的な鳥類、哺乳類《ほにゅうるい》、樹木についてもかんたんに触《ふ》れておこう。ぼくが研究しているのは果実を食べる鳥と果実をつける樹木だが、たくさんの生き物がにぎやかに暮らしている小川の森を想像していただければうれしい。

◆鳥類

小川の森にいる鳥類は、当然、森林を好む鳥たちである。ただし、同じ森林生の鳥であっても、ふだん食べているものは種類によってかなり異なっている。ウグイス（鶯）やミソサザイ

オオタカ

ミソサザイ

（鶺鴒）、セグロセキレイ（背黒鶺鴒）は昆虫《こんちゅう》ばかり食べている昆虫《こんちゅう》食鳥だ。オオタカ（大鷹）やフクロウは鳥類やネズミ類などを食べる肉食鳥である。昆虫《こんちゅう》も食べるけれど、果実がたくさんあるときは果実も食べる雑食鳥もいる。キツツキ類はふだんは木をつついて中にいる昆《こん》虫《ちゅう》を食べているが、果実がたくさんある秋冬になると食べ物を果実に切り替《か》える。

　果実を好んで食べるのは果実食鳥だ。メジロ、ヒヨドリ（鵯）、ハシブトガラスはその代表だ。また、同じように果実を口に入れはするけれど、果肉でなく種子自体を食べてしまう樹木の天敵、種子食鳥もいる。マヒワ（真鶸）やイカル（斑鳩）、アトリ（花鶏）などがその代

マヒワ

イカル

表だ。彼《かれ》らは種子を割るために大変がんじょうなくちばしを持っている。彼《かれ》らは百羽くらいの群れを作ることもしばしばで、その大群に占拠《せんきょ》されて種子を食われている樹木を見ると、ぼくはとても気の毒に感じてしまう。彼《かれ》らを観察していると、果物を食べる場合は果肉の部分は飲み込《こ》みもせずに地面に落としている。食わず嫌《きら》いでもったいないのではとも感じるが、種子だけを食べたほうが彼《かれ》らには効率が良いのだろう。

小川の森の鳥類は、その生活から主に三種類に分けることができる。留鳥、夏鳥、冬鳥である。彼《かれ》らの暮らしぶりは大きく異なっているので、それぞれ分けて紹介《しょうかい》しよう。

アカゲラ

シジュウカラ

◆留鳥

留鳥は小川の森に一年中いる（留まっている）鳥たちである。留鳥は四月から八月くらいにかけて繁殖《はんしょく》する。その頃《ころ》になると、鳥たちは盛んに縄《なわ》張《ば》り宣言である「さえずり」をおこなう（さえずり以外のふつうの鳴き方を「地鳴き」という）。

「ホーホケキョ」と鳴くウグイス（鶯）、「ツーペツーペ」と鳴くシジュウカラ（四十雀）、「チヨチヨチヨリリ……」などと鳴くミソサザイなどの声は、いずれも体長十数センチ程度しかないにも関わらず、森の中で良くひびく。「チーチュルリー」と鳴くメジロは体が小さく声も小さいが、甘《あま》えるようなかわいらしい声で鳴く。「アーオアーオ」

とヒトと似た声色で鳴くのは一面緑色のハト、アオバト（青鳩）である。トラツグミ（虎鶫、トラのような模様から）は「ヒィー」、間をおいて「フー」という不思議な調子のさえずりを、やや金属質な声でおこなう。夜にさえずることもあって、平安時代では鵺《ぬえ》という妖怪《ようかい》の声とされ、現代でもUFOの音や河童《かっぱ》の声としてテレビで紹介《しょうかい》されることがある。

さえずりをおこなわないキツツキ類、コゲラ（小啄木鳥、ゲラの由来は虫けらをつつくことから）やアカゲラ（赤啄木鳥）、オオアカゲラ（大赤啄木鳥）、アオゲラ（青啄木鳥）たちは、さえずりの代わりに木をたたいて「ドラララ……」という音を森全体にひびき渡《わた》らせる（ドラミングという）。何でも、叩《たた》いてひびきの良い木を巡《めぐ》って争うこともあるそうである。

繁殖期《はんしょくき》が終わると、みんなピタッとさえずりをやめてしまう。そうすると地声が大きい鳥たちが目立つようになる。「ヒーヨヒーヨ」とつんざくように叫《さけ》ぶヒヨドリ（名前は鳴き声から）、カラスの仲間で「ギャースギャース」と怪獣《かいじゅう》のような声を出すカケスなどは、比較的《ひかくてき》体が大きいこともあって、森の中で暴れまわっている。留鳥は一年中森に生息するため、観察する機会も多いが、大きい鳥ほど警戒心《けいかいしん》が強く、おいそれとは近寄れない。一方でカラ類やコゲラはあまりヒトを気にせず、こちらがじっとしていると数十センチの距離《きょり》にまで近寄ってくれることもある。彼《かれ》

イモ虫をくわえたクロツグミ

キビタキ

らは大抵《たいてい》群れていてにぎやかなので、見ているとこちらも楽しくなってくる。

◆**夏鳥**

夏鳥は東南アジアから日本に、繁殖《はんしょく》のためにやってくる渡《わた》り鳥である。鳥の種類によって小川の森にやってくる時期は多少前後するが、だいたい五月中旬《ちゅうじゅん》くらいには出そろう。そして、九月くらいまでには子育てを終えて、南に去っていく。彼《かれ》らに足環《あしわ》をつけて個体識別してみると、毎年同じ個体が同じ森の決まった場所に戻《もど》ってくるのだという。数千キロも移動するのに、同じ場所に戻《もど》ってくるというのはなんとも驚《おどろ》きである。

サンコウチョウ

オオルリ

小川の森では、キビタキ（黄鶲）、クロツグミ（黒鶫）、オオルリ（大瑠璃）、ヤブサメ（藪雨）、サンコウチョウ（三光鳥）、ツツドリ（筒鳥）、カッコウ（郭公）などが観察できる。色彩《しきさい》が美しいものや、さえずりが特徴的《とくちょうてき》であるものが多く、名前の由来になっていることも多い。キビタキ、クロツグミ、オオルリはオスの羽の色が名前の由来である。サンコウチョウは「ヒ、ツキ、ホシ、ホイホイホイ」とさえずるのを「日（太陽）」「月」「星」と聞きなして三光鳥というとてもカッコイイ名前がついている。オスには自分の身長より大きな飾《かざ》り羽がついているのも目立つ特徴《とくちょう》である。ヤブサメはウグイスの仲間だが、藪《やぶ》（草木がしげった場所のこと）の中から「シシシシ……」

と雨のような音を出すことが名前の由来だ。カッコウは文字通り「カッコー」と鳴く。この鳥は遠くイギリスにまで分布しているが、面白いことにあちらでは「cuckoo クックー」という名前がついている。イギリス人も日本人も同じ理由、よく似た聞き取りをして名前をつけているのは面白い。

ぼくは個人的にはキビタキが気に入っている。キビタキのさえずりの、水面に日の光がきらめいているかのような声は実にきれいだし、輝《かがや》かんばかりの色彩《しきさい》の美しさは震《ふる》えが来るほどである。キビタキは比較的《ひかくてき》よく見られる鳥なので、ぜひ近くの森林で探してみてほしい。ただ巣に近づくと「ビリリ！(出ていけ！)」と怒《おこ》られるのでご注意を。

◆冬鳥

冬鳥は、ロシアのシベリア地方などから日本に越冬《えっとう》にやってくる渡《わた》り鳥である。小川の森では、ツグミ(鶫)、シロハラ(白腹、おなかが白いことから)、アトリ、マヒワなどがその代表だ。彼《かれ》らは北の寒さから逃《に》げて日本に来るのだが、小川の森に冬の間中いることはなく、もっと暖かい低地や南のほうに移動していくことが多い。寒いシベリアの冬をさけて、日本に渡《わた》ってくる

シロハラ

ツグミ

が、繁殖《はんしょく》は日本ですることはなく、夏のシベリアでおこなう。

冬鳥は、渡《わた》りの途中《とちゅう》でタカなどの捕食者《ほしょくしゃ》におそわれる危険があるため、群れている場合が多い。また、群れて飛行することでエネルギーの消費を少なくしているらしい。一説によると、アトリは「集まる鳥」から来ているとも言われる。その数は多いときには千羽を超《こ》え、一斉《いっせい》に飛び立つときにはブワッという音が森にひびく。ツグミは渡《わた》ってから少したつと森から田畑や河川敷《かせんしき》に移り、胸を張って地面に陣取《じんど》っているので、見たことがある方も多いかもしれない。その「クワックワッ」という声を聴《き》く頃《ころ》には、もう秋も終わりである。

◆哺乳類《ほにゅうるい》

哺乳類《ほにゅうるい》は鳥類のように渡《わた》りをおこなわないので、一年中小川の森に生息している。ただし、小川の森にすむ哺乳類《ほにゅうるい》の多くは夜行性で、直接姿を見られる機会はあまりない。そのため、そのフンや足跡《あしあと》などから生息を確認することが多い。彼《かれ》らは大きく草食獣《そうしょくじゅう》と肉食獣《にくしょくじゅう》に分けられる。

草食獣《そうしょくじゅう》という呼び名は、ふだん植物を食べているからそういうのだが、果実や種子に関しては、種子を割って食べてしまうので種子食獣《しゅししょくじゅう》である。彼《かれ》らの歯は植物を効率的にすりつぶすように進化しており、またその腸は消化能力にすぐれている。そのため、彼《かれ》らのフンの中身は細かく刻まれた植物繊維《せんい》のかたまりであることが多い。小川の森では、げっ歯類のアカネズミ（赤鼠）、ヒメネズミ（姫鼠、姫は小さいことから）が特に数の多い草食獣《そうしょくじゅう》である。森の中には、彼《かれ》らが作った幅《はば》五センチメートルほどのトンネルがそこここで見られる。

アカネズミ、ヒメネズミはきわめて体が小さく（体長七センチメートル、十五グラムほど）、目が大きくてくりくりしており、都会にすむドブネズミ（溝鼠）やクマネズミ（熊鼠）とちがい、

ヒメネズミ

実にかわいらしい。アカネズミはヒメネズミより一回り大きく、主に地面に生息している。ヒメネズミは逆に木登りが上手で、樹上に生息している。両者の食べ物は似通っているが、すむ空間を分けることで共存しているらしい。彼《かれ》らは数年に一度のブナやイヌブナの豊作年にそのドングリを食べて数を増やすので、豊作年の翌年には昼間でも観察できることがある。

比較的《ひかくてき》よく見かけるげっ歯類としては、ほかにニホンリスがいる。リスの名前の由来は「栗鼠（リッソ）」から来ているという。おそらくクリ（栗）を食べるネズミ、という意味だろう。昔のヒトにとって生ですぐに食べられるクリはとても貴重であったから、競争相手であったリスは苦々

イノシシ

ノウサギ

しい存在であったのかもしれない。リスをただかわいい存在としてしか見ていない現代の我々とはちがった目線で見ていたかと思うと、興味深い。ただ、ニホンリスやアカネズミ、ヒメネズミはその場で食べられない種子を埋《う》めて食べるという行動をするが、食べ忘れも多い。すなわち、貯食型の種子散布をおこなう。彼《かれ》らが散布するのはブナ類やナラ類のドングリだが、種子食鳥とはちがって、植物の種子散布に一役買っているようである。その他のげっ歯類には、モモンガ（摸摸具和）やムササビ（鼯鼠）、ヤマネなどの記録がある。

草食獣《そうしょくじゅう》としてはほかに、ノウサギ（野兎）やイノシシ（猪）がいる。ノウサギはペットにされるアナウサギ（穴兎）とちがって筋肉質な格闘家《かくとうか》のような体格をしている。イノシシは、強力な毒を持つオオスズメバチ（大雀蜂）と並び、小川の森で最も危険な動物である。彼《かれ》らは大きいものでは体重が百キロを超《こ》えることもあり、牙《きば》も生えているので、体当たりでもされたら大変だ。草木が生い茂《しげ》った場所から突然《とつぜん》飛び出てきたりするので、ひやひやすることもある。

しかし何より困るのは、イノシシが森に設置した調査器具を壊《こわ》してしまうことである。後でくわしく述べるが、ぼくは種子を効率的に取るために種子トラップというものを森に設置している。しかし、イノシシはトラップに入った果実を食べたいがために、トラップをひん曲げて壊《こわ》してしまうのだ。壊《こわ》されたトラップは新しいものに替《か》えないといけない。また、イノシシは果実が多く入っているトラップほど壊《こわ》す危険がある。こちらにとっても果実が入っているトラップほど大事であり、彼《かれ》らに対しては貴重なデータを奪《うば》われたという苦々しい思いがある。ただ、ときどき彼《かれ》らをイノシシなべにして食べることもあるので、引き分けかもしれない。最近全国的に増えすぎて問題になっている二ホンジカ（日本鹿）は小川の森には生息していない。昔の記録を見てみると百五十年ほど前にはいたようだが、ヒトによって取りつくされてしまったようだ。

タヌキ

テン

　意外なことに、陸生の肉食獣《にくしょくじゅう》の多くは果実も食べることが知られている。日本に生息する肉食獣《にくしょくじゅう》で果実を食べないものは小型のイタチ類であるオコジョ（白鼬）やイイズナ（飯綱）、あるいはネコの仲間のツシマヤマネコ（対馬山猫）とイリオモテヤマネコ（西表山猫）くらいなので、むしろ果実を食べない肉食獣《にくしょくじゅう》のほうがめずらしい。大型のイタチ類であるテン（貂）やツキノワグマに至っては、果実欲しさに木の上に登ることもあるほどだ。

　肉食獣《にくしょくじゅう》は肉を切り裂《さ》くために進化したとがった歯を持っており、植物をすりつぶす能力は低いため、果実を食べる際に種子を割ってしまうことは少ない。また腸が短く消化能力も高くない。彼《かれ》ら

上：アナグマ
左：アナグマのトイレ（フンには、オオウラジロノキの種子が含《ふく》まれていた）

のフンを見ると種子がきれいな状態で残っており、果肉すら十分には消化されていない。そのため、彼《かれ》らは種子を散布する果実食獣《かじつしょくじゅう》として機能している。肉食獣《にくしょくじゅう》は草食獣《そうしょくじゅう》とちがって植物を食べるだけでは生きていけないので、草食獣《そうしょくじゅう》よりも数は少ない。小川の森で比較的《ひかくてき》多く観察できる肉食獣《にくしょくじゅう》は、ニホンイタチとテンである。彼《かれ》らは縄張《なわば》りを宣言するために、石の上や倒木《とうぼく》の上にフンをするので、かんたんに生息が確認できる。彼《かれ》らの薄茶色《うすちゃいろ》の毛並みは毛皮に用いられているほど美しい。またシャクトリムシのように体を曲げて動くさまはユーモラスである。

その他の肉食獣《にくしょくじゅう》としては、中型の肉食獣《にくしょくじゅう》であるタヌキやアナグマ、アカギツネを見ることが

ミズナラのドングリ

ブナ

ある。タヌキやアナグマは仲間同士のコミュニケーションを取るために共通のトイレを利用していて、仲間のフンのにおいをかぐことでその健康状態や性別を読み取っているらしい。また、彼《かれ》らのトイレの中には種子が入っていて、そこから芽生えがたくさん発生することもある。

◆樹木

樹木については、風散布の樹木、貯食散布の樹木、周食散布の樹木に分けて紹介《しょうかい》する。

風散布樹木は前の章で紹介《しょうかい》したように、風を受けて種子が飛ぶように進化させてきた樹木である。小川の森には二十五種の風散布樹木があって、これは森林全体の四十一パーセントに相当する。幹の断面積の合計（量の目安）としては、全体の二十四パーセントに相当する。紅葉の美しいカエデの仲間はその代表で、小川の森だけで十二種も生息している。葉っぱの形も手のひら型から円形のものまであり、紅葉も黄色や赤色とさまざまである。彼《かれ》らはプロペラ状の翼《つばさ》を発達させている。

そのほかにはカバノキの仲間が多い。樹皮が白くて美しいシラカバや湿布《しっぷ》に使われるミズメなどが見られる。こちらは円盤状《えんばんじょう》に翼《つばさ》を発達させている。また風を受けて飛ぶために、種子を軽くしている。風散布樹木の種子には果肉がついておらず、食べやすいためか、イカルやマヒワなどの種子食鳥がその種子を食べているのをよく見かける。

貯食散布樹木は、いわゆるドングリをつける樹木である。十一種と種類は少ないが（全体の十八パーセント）、断面積の合計は六十四パーセントを占《し》め、森を代表する樹木である。ブナやイヌブナ、コナラ、ミズナラ（水楢）、クリといったブナの仲間がその代表である。彼《かれ》らはみな高さが二十五メートルを超《こ》えるような大木になり、数百年を生きる。

ブナの仲間以外には、エゴノキ（斉墩果）やその仲間のハクウンボク（白雲木、花の咲《さ》く様子

ヤマボウシの果実

ミズキの果実

が雲のようであることから）がある。こちらはブナの仲間ほどは大木にならず、せいぜい高さ十五メートルほどである。そのほかに低木として、ツノハシバミ（角榛）がある。この名前はあまり聞き覚えがないかもしれないが、ヘーゼルナッツと言えば分かるだろうか。ヨーロッパのツノハシバミの仲間はよくお菓子の材料に使われている。日本のツノハシバミでもお菓子を作ってみればおいしいかもしれない。貯食散布樹木の種子はみな大きく、その中に親木からもらった栄養をたくさん貯えている。このことは、彼《かれ》らが芽生えになって生き延びていく上では有利であるが、その栄養を求めて多くの動物にねらわれもする。ただし、その中には種子を食べ残したり、隠《かく》したことを忘れたりすることで散布してくれる動物、アカネズミやリス、カケスなどもいることは先に述べたとおりである。

周食散布樹木は風散布樹木、貯食散布樹木に比べると断面積の合計は少ない（全体の十二パーセント）。ただしその種類は多く二十五種も生息している（四十一パーセント）。また、果実の形や大きさ、色なども実にさまざまだ。小川の森で最も多く見られる樹種はミズキ（水木、みずみずしい木の意味）である。黒紫色《くろむらさきいろ》の直径七ミリほどの果実を夏の終わりにたくさんつける。ミズキは多くの個体がたくさん果実をつける豊作年と、少ない個体が少しだけ果実をつける凶作年《きょうさくねん》を繰《く》り返す。豊作年のときに森を歩いていると、ミズキの果実が落ちてくるパラパラという音が聞こえてくる。その頻度《ひんど》は雨が降っているのかと勘《かん》ちがいするほどである。この果実はアオバトやシロハラ、キビタキなどさまざまな鳥類が食べるが、タヌキやアナグマなどの哺乳類《ほにゅうるい》も食べる。

ミズキの仲間には、ほかにクマノミズキ（熊野水木、初めて見つかったのが三重県の熊野《くまの》地方であったため）、ヤマボウシ（山法師）がある。ヤマボウシの名前は白い大きな花弁をお寺の僧兵《そうへい》に見立てたことから来ており、街路樹のハナミズキ（花水木）ときわめて近縁《きんえん》である。その果実

ツルマサキの果実

カスミザクラの果実

は赤色で直径十五ミリほどであり、ハナミズキとちがってヒトが食べてもおいしい。ヤマボウシは果実が大きいこともあって、鳥類よりも哺乳類《ほにゅうるい》がよく食べているようだ。小川の森では、アナグマのフンからよく種子が見つかる。

ミズキの仲間の次に多いのは、サクラの仲間である。カスミザクラ（霞桜）やヤマザクラはソメイヨシノ（染井吉野、品種）と近縁《きんえん》のサクラで、春先にピンクが混ざった白色の花を咲《さ》かせる。果実は小型のさくらんぼで、赤色もしくは黒色である。同じサクラでもウワミズザクラ（上溝桜）やイヌザクラ（犬桜）は歯ブラシに似た穂状《すいじょう》の花を咲《さ》かせ、果実も穂状《すいじょう》につける。これらの果実は鳥類ではヒヨドリやメジロ、哺乳類《ほにゅうるい》ではテンやタヌキなどによって食べられている。サクラの仲間はほかにも野生のバラであるノイバラ（野茨）や野生のリンゴであるオオウラジロノキ（大裏白木）や野生のナシであるヤマナシ、ニガイチゴ（苦苺）などさまざまな種が見られる。ノイバラの果実は小さくて主に鳥類が食べているが、ほかの果実は大きくてアナグマやテンが食べているようだ。

次に多いのは、ウコギの仲間である。一番目立つのはハリギリで、これは小川の森で最も大きくなる樹木の一つだ。最大のものでは幹回り四メートルにもなる（13ページで太さを測っている木）。ウコギの仲間にはほかにコシアブラ（腰油、食べると腰《こし》に脂肪《しぼう》がつくの意）、タカノツメ（鷹の爪、名前は芽の形から）、タラノキ（楤木、桜木とも）などがある。これらの若葉はよく山菜として利用され、てんぷらにするとおいしい。ウコギの仲間はみんな穂状《すいじょう》に黒い果実をみっしりとつける。その果実は小さく、ヒヨドリやツグミ、アオゲラなどの鳥類がよく食べている。

量としては多くないものの、種類が多いのはツリバナ（吊花）の仲間である。低木のツリバナ、マユミ、ニシキギ（錦木）、ツルのツルマサキ（蔓正木）、ツルウメモドキ（蔓梅擬、花が梅に似る）などである。ツリバナの名前の由来は花を吊《つ》り下げて咲《さ》かせることに由来する。ツリバナの仲間の果実は赤色で美しく、ツルウメモドキはよく生け花として飾《かざ》られているほどである。

これらの果実は小さく、また吊《つ》り下がっているために飛べる動物でないと食べにくく、ヒヨドリ、コゲラ、ルリビタキ（瑠璃鶲）などの鳥類がよく利用している。ほかに鳥類向けの果実として、赤い果実をつけるアオハダ（青肌）、真っ白い果実をつけるツタウルシ（蔦漆、ツルのウルシ）などがある。量は多くないが、哺乳類《ほにゅうるい》向けの果実としてはヤマブドウやサルナシ、ミツバアケビ（三葉木通）がある。これらは果実が比較的《ひかくてき》大きく、テンやアナグマがよく食べている。

最後に、ヤドリギ（宿り木）を紹介《しょうかい》しておこう。ヤドリギは、他の樹木の枝に張りついて発芽し、そのまま成長を続けて大人になる、半寄生の樹木である。光合成こそ自分でおこなうものの、養分や水分は他の樹木から吸い取っているという、とても変わった木である。ヤドリギは地面では生きていけないため、その種子散布方法も風変わりである。動物に食べられるのは他の周食散布樹木と同じなのだが、果実は非常に

ヤドリギ（黒いかたまり）

ネバネバしていて、ヤドリギの果実を食べた動物のフンもネバネバになる。そして、そのネバネバで他の樹木にくっつくのだ。果実は薄黄色《うすきいろ》で直径七ミリほどであり、主にヒレンジャク（緋連雀）、キレンジャク（黄連雀）などの鳥類が利用しているようだ。

ヤドリギの果実とヒレンジャク。肛門《こうもん》から、ヤドリギの種子が入ったフンがたれさがっている。

ネバネバしたフンといっしょに他の樹木にくっつき、根を出したヤドリギの種子

●コラム②　恐竜《きょうりゅう》と果実

周食散布植物の起源はとても古く、恐竜《きょうりゅう》が繁栄《はんえい》していた時期にも存在したことから、恐竜《きょうりゅう》も果実を食べて種子を散布していたと考えられている。生きた化石とも言われるイチョウ（銀杏）やソテツ（蘇鉄）などは、かつて恐竜《きょうりゅう》が食べていたと想像されている。イチョウはかつては地球上にたくさんあったが、現在では野生のイチョウの数はとても少なく、うまく種子散布はおこなわれていないようだ。

イチョウの果実は大きくて、鳥類が好んで食べるサイズではない。また実の放つにおいはとてもくさく、我々ヒトからすると食欲をそそるものではない。これは他の哺乳類《ほにゅうるい》でも同じかもしれない。このような特徴《とくちょう》は、現在ではうまく種子散布をおこなってくれる動物がいない可能性を示している。でも、恐竜《きょうりゅう》にとってイチョウの果実の大きさは食べる上で問題にならなかったであろうし、においにも鈍感《どんかん》で気にせず食べていたのだろう。恐竜《きょうりゅう》が絶滅《ぜつめつ》した今となっては、イチョウもゆっくりと絶滅《ぜつめつ》に向かっているのかもしれない。

第4章

森林の改変は、動物散布にどのような影響を与えるか

◆森林改変と動物散布の関係

森林総合研究所の正木《まさき》さんからもらった研究テーマ「小川の森で鳥の種子散布をすべて調べあげる」であるが、果実には豊作年と凶作年《きょうさくねん》があり、思ったようには研究を進められないかもしれない。そこで保険として、小川の森とは性質が異なる森でも種子散布を調べておくことにした。こうすれば、ある年にたった一種類の樹木しか実らなくても、二つの森林での種子散布を比較《ひかく》して議論することができる。このような研究をおこなった背景には、以下のような理由があった。

世界中で、森林はヒトによって改変され続けている。住宅を作るため、材木を得るため、燃料にするため、農地を作るため……。このような森林の改変は森林にすむ生き物に影響《えいきょう》を与《あた》える。樹木は切られることで減ってしまうし、動物は生息できる面積が減ってしまう。その結果、森が一部残っていても、その中に動物がいない「空洞《くうどう》の森」になってしまう。動物がいない森では、種子が運ばれないので、動物散布樹木が減ってしまうと予想されている。樹木は寿命《じゅみょう》が長いので、数年、数十年たっても、森の中に動物散布樹木は残っているかもしれない。しかし、親木がいても子どもが育たないのであれば、やがては森からなくなってしまう。

日本においても森林の改変はおこなわれているが、日本でも「空洞《くうどう》の森」ができているかは分からない。実は日本の森林は、国土の七割を占《し》めている。日本は、世界的にも数少ない「森の国」なのだ。では、日本における森林改変とは何だろうか？　多くの場合、それは元々あった広葉樹の森を伐採《ばっさい》して、木材用のスギやヒノキ（檜）の人工林に作り替《か》えることである。日本の森林の半分近くは、広葉樹の森を作り替《か》えた人工林なのだ。人工林は、ヒトが作ったものだが、森は森である。そしてスギやヒノキは、昔から日本にある、由緒《ゆいしょ》正しい在来植物でもある。

広葉樹の森を人工林に作り替《か》えると、動物はいなくなってしまうのだろうか？　もし動物がいなくなるのなら、種子散布もおこなわれなくなるのだろうか？　こんな問題設定から、ぼくは小川の森の近くにある、小さくて（二十九ヘクタール）細長い森「保残帯」と小川の森で、鳥の数や彼《かれ》らによる周食散布にちがいがあるかを比較《ひかく》することにした。

保残帯とは、森林を伐採《ばっさい》するときに防災上の観点などから、山の尾根《おね》沿《ぞ》いや沢沿《さわぞ》いに細長く帯

尾根沿《ぞ》いに、広葉樹が細長く残された保残帯

状に森林を残したものである。保残帯の周囲は人工林になっていることが多く、小川の森近くにある保残帯も同様である。かつて小川の森と保残帯は一つの大きな森だったのだが、四十年ほど前にその大部分が人工林に作り替《か》えられたことで分断されている。ただ、森林改変の影響《えいきょう》を調べようとしたときに、同じ森だったというのは好都合である。というのも、同じ森だったのなら、森の形や大きさがちがっても、森の質、つまり生えている樹木の種類やその大きさは大体同じだからだ。そのため、二つの森林で鳥の数にちがいがあった場合、森林改変の影響《えいきょう》だと考えることができる。

森林が近すぎて差が出ないんじゃないか？

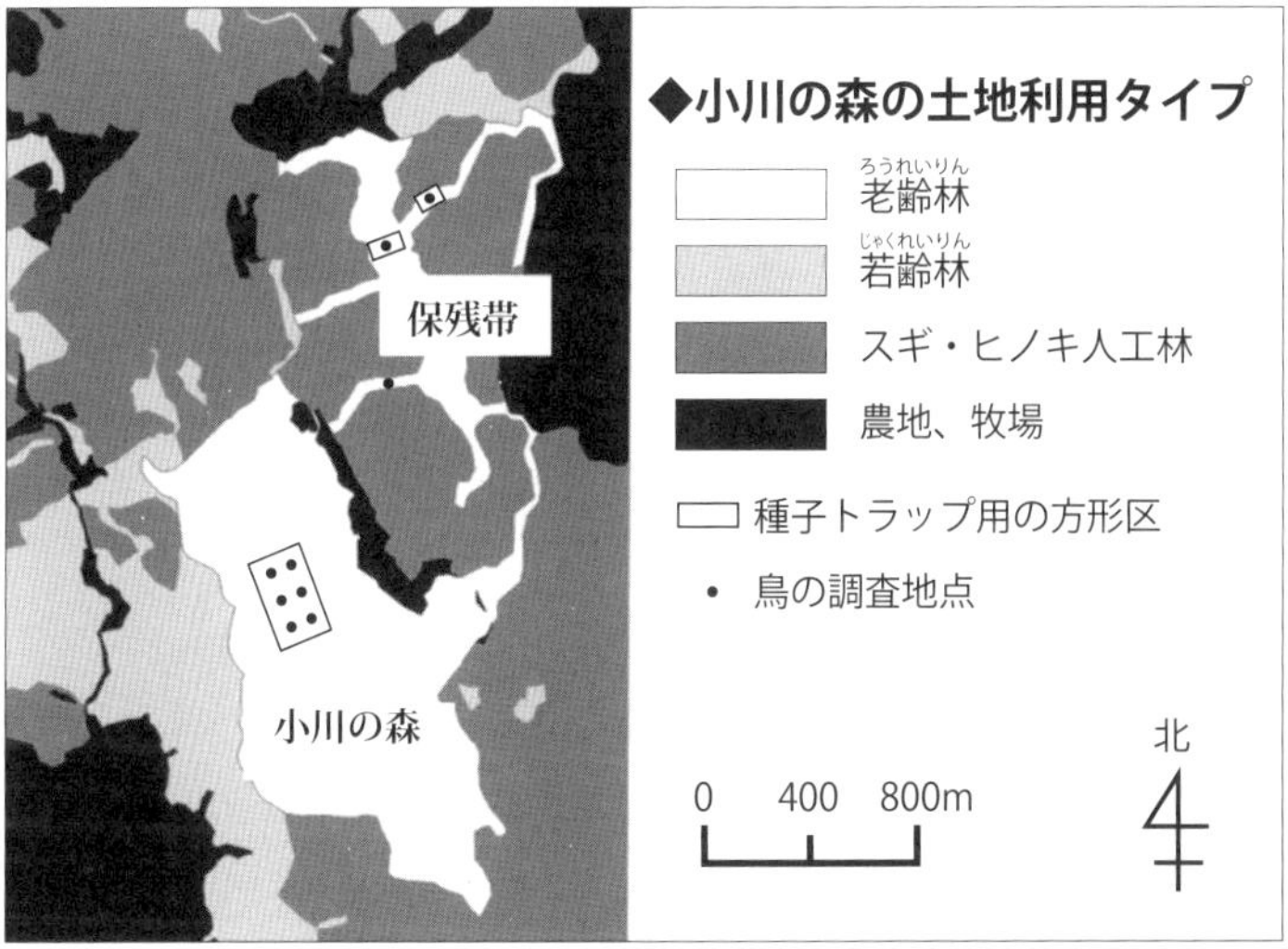

そう思った方もいるかもしれない。確かに、鳥にとって数百メートルくらいの距離《きょり》は問題にならないし、二つの森林の間にあるのは人工林である。人工林を通って、鳥は小川の森と保残帯を行き来できるだろう。でも、小川の森と保残帯を鳥が行き来できることは問題にはならない。なぜなら、森林を行き来できるのであれば、鳥はより生息に適した森林を選ぶと考えられるからである。そして、わざわざ選ばなかった森林の方に出かけることは考えにくい。そのため、森林改変の影響《えいきょう》があれば、二つの森林間で鳥の数にちがいが出るだろう。さて、ではこの二つの森林で、鳥の数にちがいは見られるのだろうか？

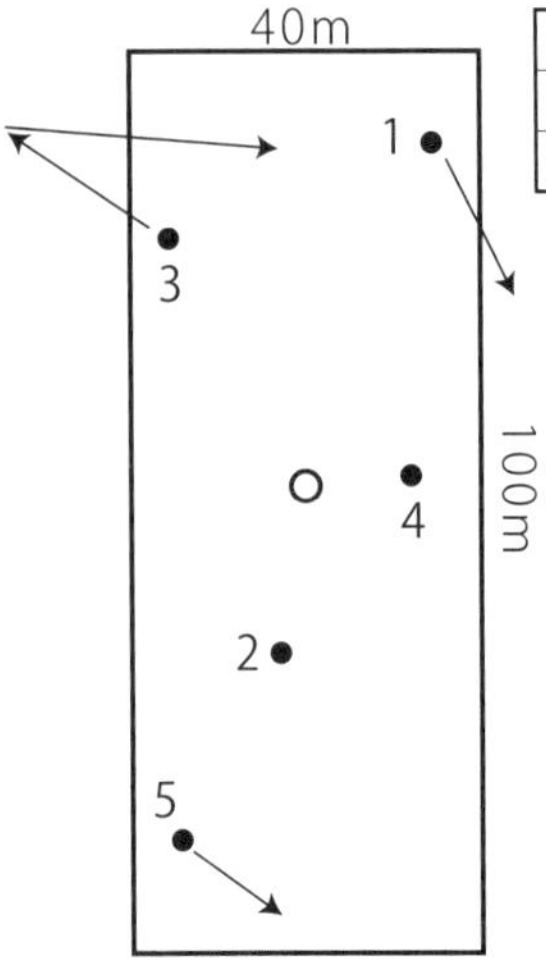

調査日	2008/5/15	調査者	直江 将司
場所	Ａ地点	開始時刻	4：56：22
天候	晴れ・弱風	終了時刻	5：11：22

番号	鳥 種	確認方法	数
1	ヒヨドリ	地鳴き	2
2	キビタキ	さえずり	1
3	イカル	さえずり	3
4	コゲラ	ドラミング	2
5	メジロ	目視	2
6			
7			
8			

鳥の調査の例。調査用の枠《わく》に入った鳥の位置と移動を図に書き込《こ》んでいる。

このことを確かめるために、ぼくは小川の森に六つ、保残帯に三つ、縦百メートル、横四十メートルの調査用の枠《わく》を作った。そして枠《わく》の中心に鳥を怖《こわ》がらせないように静かに座って、十五分間のうちに枠《わく》の中に入ってきた鳥の種類や個体数を記録した。枠《わく》は縦横百メートルの正方形、あるいは直径百メートルの円形のものを作りたかったのだが、保残帯はとても細長いために、枠《わく》も細長いものになった。

観察が十五分間なのも理由がある。短すぎても長すぎても良くないのだ。あまりに観察時間が短いと、一羽も観察できずに調査が終わってしまう。一方で長すぎると別の問題が生じる。一度記録した鳥が枠《わく》から飛び去って、時間を置いて戻《もど》ってきたときに、その鳥が既《すで》に記録してある鳥なのか、新しくやってきた鳥なのか、区別できなくなってしまうのである。十五分というのは、その二つの問題が生じないようにうまくバランスを取ったつもりである。

この調査を夜明けから三時間以内に大急ぎでおこなう。そうすると、夜明けが最も早い六月には朝の三時台に起きないといけないこともある。当然、うつらうつら、眠気《ねむけ》と戦いながらの調査となる。鳥の声で起こされてあわてて記録したことも一度や二度ではない。

秋になると夜明けが遅《おそ》くなり、六時台の起床《きしょう》でも間に合うようになる。ただ、今度は寒さとの戦いである。手はかじかむし、車のフロントガラスは凍《こお》ってしまっている。でも、調査は日の出から三時間以内なのだ。

これにも理由がある。鳥が最も鳴いてくれる、さえずってくれるのがこの時間帯だからだ。つまり、日の出から三時間以内というのは、鳥を最も効率的に、正確に記録できる時間なのだ。ちなみに、鳥がなぜこの時間帯に鳴く必要があるのかはよく分かっていない。一説によると、エサとなる昆虫《こんちゅう》がこの時間帯は活動的ではなくて見つけられず、ほかにやることもないので鳴いているのだそうだ。何はともあれ、鳥がそういった一日のすごし方をしているのだから仕方がない。自分が何か生き物の生態を知りたいのなら、その生き物の生活に寄り添《そ》うしかないのである。ぼくはこの調査を二〇〇六年から二〇〇八年の間に、計四百五十一回おこなった。

◆森林改変は鳥の数を減少させていた

研究では、どれだけ労力と時間をかけて調査をおこなっても、何も分からないこともある。この場合は調査方法に問題があったということで、労力と時間のムダということになってしまう。そのため結果を見るときはいつもドキドキである。さて、この調査は何を教えてくれるだろう。

それはかなり意外なものだった。全体の傾向《けいこう》として、鳥類の繁殖期《はんしょくき》（五月から八月中旬《ちゅうじゅん》）には小川の森で鳥の数が多かった一方で、非繁殖期《ひはんしょくき》（八月下旬《げじゅん》〜十二月）では小川の森と保残帯との間でちがいが見られなかったのだ。一体なぜ季節によって反応がちがうのだろう？　その原因はどうやら子育てにあるようだ。

多くの鳥類は、繁殖期《はんしょくき》に巣を作り、メスが卵を産んで温める。卵からヒナが生まれれば、親鳥はヒナを外敵から守りながら巣立つまで育ててあげなければならない。卵を産むのにも、外敵を追い払《はら》うのにも、エネルギーが必要である。当然のことながら、ヒナにエサもやらなくてはならない。つまり、繁殖期《はんしょくき》は非繁殖期《ひはんしょくき》に比べて大量のエサが必要となるのに、保残帯ではそれだけの量のエサを確保できなかったのではないかと考えられる。

では、なぜ保残帯でエサが少なかったのだろう。最初に思いついた理由は、保残帯の面積が小さいことである。森林が小さすぎると、エサを十分に確保できないのかもしれない。でも小さいといっても二十九ヘクタールもある。鳥の多くはそこまで大きな面積がなくても、生息できることが分かっている。いろいろと思い悩《なや》んだ末に思いついたのは、森林の形だった。

保残帯はとても細長いことを思い出してほしい。一般《いっぱん》に、効率的にエサを集めようとした場合、親鳥は巣を中心に円形に活動することが効率的だとされている。森林が円の形をしていれば、森の中のどの場所も巣からそれほど遠くないので、あまり移動せずに、エサを取って戻《もど》ってこられる。移動距離《きょり》が短いほうが、エネルギーは使わないですむだろうし、時間の短縮にもなる。一方で、保残帯では細長い形のために、効率的にエサを集められなかったのだろう。

では、森林の形の影響《えいきょう》は繁殖期《はんしょくき》であれば、どの鳥でも見られるのだろうか？　それを調べると、鳥の種類によってその反応はちがっていた。まず夏鳥かどうかでちがいが見られた。

クロツグミやキビタキなどの夏鳥は保残帯には少なかった一方、シジュウカラやウグイスなどの留鳥は森林間でちがいが見られなかったのである。ぼくはこのちがいは、夏鳥と留鳥で小川の

◆小川の森と保残帯の鳥の数の比較

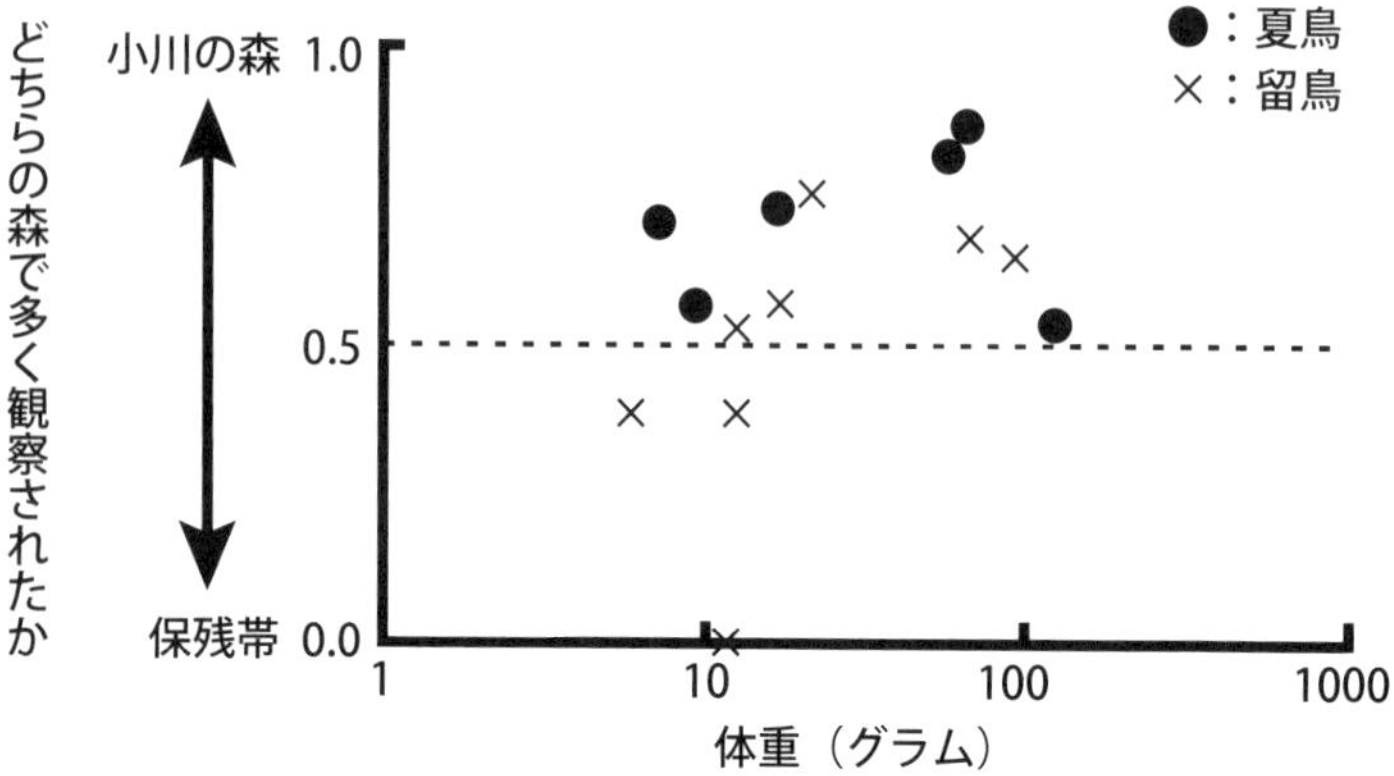

森に対する知識や経験の量がちがうためではないかと考えている。春になって小川の森にやってくる夏鳥は、森に着いてから何も情報なしに一からエサのありかを探さないといけない。一方で、留鳥は一年中森の中にいるので森のどこに行けばエサが手に入るか、分かっているだろう。何年も小川の森にすんでいる留鳥に至っては、どの季節にどこに行けばおいしいエサが手に入るかも分かっているかもしれない。小川の森をよく分かっている留鳥であれば、保残帯で多少エサを取る効率が落ちていても、その低下を知識や経験で補っているかもしれない。

夏鳥か留鳥か以外にも、鳥の大きさによって森林の形への応答がちがっていた。鳥の体重と、どちらの森で多く観察されるかの関係をまとめたのが上の図である。縦軸《たてじく》の意味が分かりづらいが、値が1に近いほど小川の森で多く観察され、0に近いほど保残帯で多く観察された鳥であることを示している（値が1だと小川の森だけで観察、0だと保残帯のみで観察）。

夏鳥はみんな、小川の森を好んでいた一方で、留鳥については小型の鳥（エナガやウグイスなど）と大型の鳥（アカゲラやイカルなど）でちがいがあって、大型の鳥ほど小川の森を、小型の鳥ほど保残帯を好んでいた。シジュウカラの仲間コガラ（小雀）にいたっては保残帯でしか観察されなかった。これはどのように解釈《かいしゃく》したら良いだろうか？

大型の鳥ではその行動範囲《はんい》が広いので、森林の形が細長いと円形の行動範囲《はんい》を維持《いじ》できないために、小川の森を好んでいるのではないだろうか。一方で、小型の鳥であれば、行動範囲《はんい》が小さいので、森林の形が細長くても円形の行動範囲《はんい》が維持《いじ》できる。

さらに、保残帯には先ほどの理由で大型の鳥がいない。そうすると、保残帯には大型の鳥がいない分、エサがたくさん残っているだろう。小型の鳥は大型の鳥がいない分、エサを独《ひと》り占《じ》めできているのではないだろうか。また、大型の鳥にはカケスなど小型の鳥のヒナを食べてしまうものもいる。でも、大型の鳥がいない保残帯では小型の鳥はヒナを食べられる心配がない。こう考

種子トラップ

えていくと、ヒトによる森林改変の影響《えいきょう》を上手く利用した、小型の鳥のしたたかな戦略がうかがえる気がする。

さて、これまでは、昆虫《こんちゅう》を食べる鳥、種子を食べる鳥、果実を食べる鳥を一緒《いっしょ》くたにして見てきた。肝心《かんじん》な果実を食べる鳥だけに注目するとどうだろう？　さらに、種子散布はどうなっているだろう？　鳥については、先ほど採取したデータを果実食鳥だけに注目して解析《かいせき》してみることにした。種子散布については、新しく仕かけを用意した。種子トラップというものを小川の森に三百二十六個、保残帯に六十七個設置したのだ。

種子トラップは、ろうと状のナイロンの布でできていて、これで上から落ちてくる種子をキャッチする調査器具だ。布の代わりに板などを使うと種子をはね返してしまうが、ろうと状にしてある布はしなやかに種子を受け止め、ろうとの奥《おく》にまで種子を運んでくれる。種子を回収するときは、ろうとの奥《おく》にある種子を紙袋《かみぶくろ》に入れて回収すればよい。

また、布の網目《あみめ》は一ミリメートル幅《はば》になっている。こうすると、雨水はトラップから抜《ぬ》け落ちてくれるので、回収のじゃまになることがない。また、ナイロンの布だけだと軽くて、風にあおられて中身が飛んでいってしまうので、重りとして古いゴルフボールを一個入れておく。この種子トラップを地面より少し高い位置にポールで固定する。これは、地面にいるネズミたちに種子を取られないためである。一方で、森にいる鳥たちは地面にあまり下りてこない。彼《かれ》らは飛んでいるときや木の上にいるときにフンをするので、地面より高い位置に種子トラップを設置しても種子を十分にキャッチすることができる。

種子トラップは種子を取るために設置するのだが、実際に中身を回収してみると、とても雑多なものが含《ふく》まれている。種子のほかに、葉、花、枝、クモや昆虫《こんちゅう》、吸盤《きゅうばん》を使って登ってきたアマ

葉っぱでいっぱいのトラップ（右）。トラップには、アオガエルやカブトムシなど、いろんな動物が入ってくる。

ガエル（雨蛙）などまで入っている。一番多いのは葉っぱだ。紅葉のときの森を思い浮《う》かべてほしい。あの色づいた葉っぱがすべて落ちてくるのだ。そのため、紅葉の時期の種子トラップは落ち葉でいっぱいになる。

回収した種子も、周食散布樹木の種子だけが入っているわけではない。ブナやコナラの種子、シデの種子、カエデの種子……というように数十種類のタネが入っている。これらを選り分けて、目的の種子だけを取り出すのはとてもとても大変な作業である。

目的の種子を選り分けた後は、その状態を記録する。大まかには、果肉がついた種子、果肉のついていない種子、未熟な種子、動物に種子

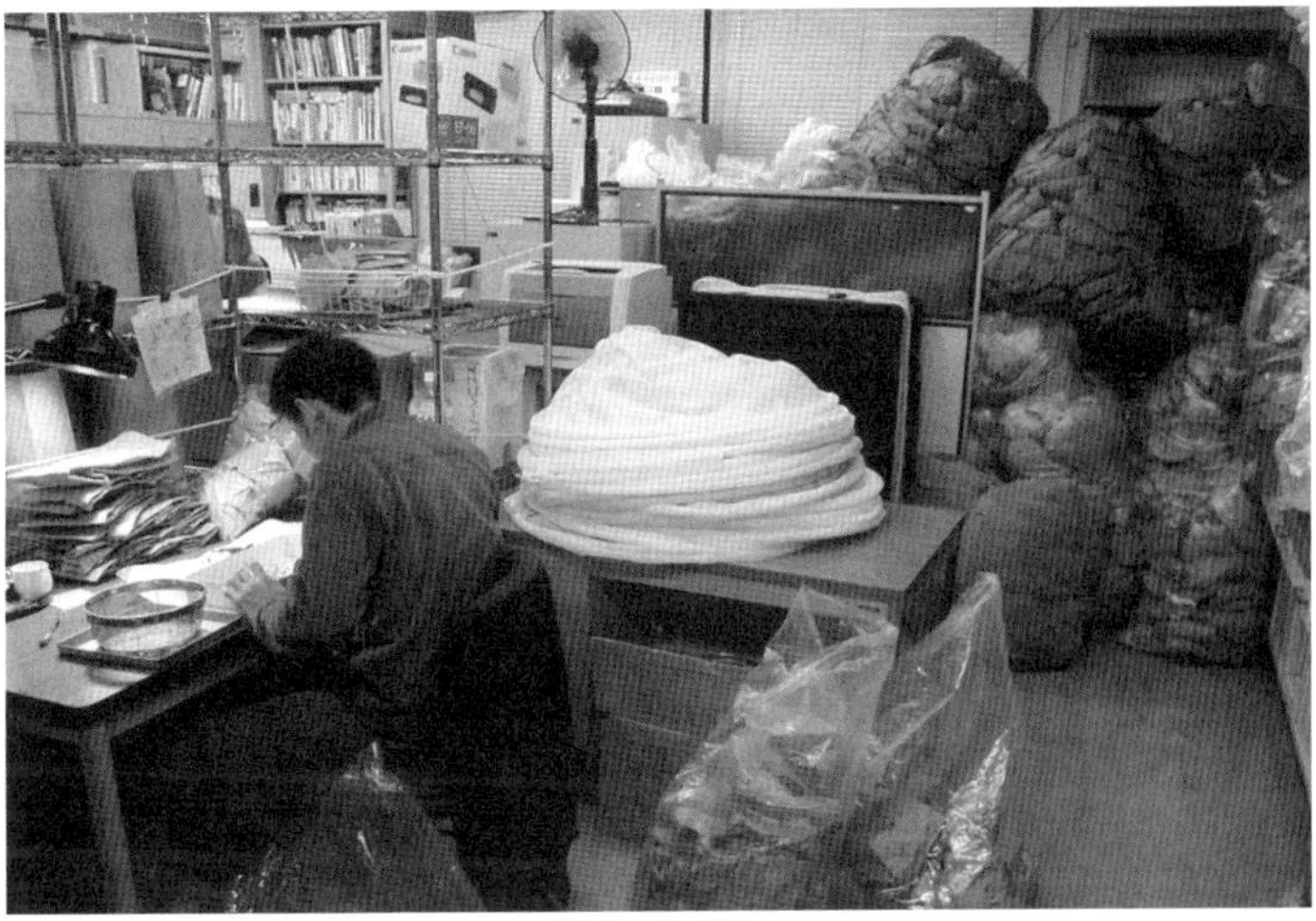

種子の仕分けをする筆者。右奥《みぎおく》の紙袋《かみぶくろ》は、１年分のトラップの中身。

の中身を食われた種子である。未熟なものと、動物に食われたものは除くことにした。未熟な種子は散布されても中身が成熟していないので、芽生えになることはないためである。動物に食われた種子も中身がないので、芽生えにはならない。果肉がついた種子は、動物が食べずにいるうちに木から自然に落ちた種子だと判断した。そして、果肉がついていない種子は、鳥が散布した種子だと判断した。果実を食べる鳥がたくさんいれば、鳥が散布した種子も多くなるはずである。

◆森林改変は鳥による散布を減少させていた

まず、果実食鳥の数に小川の森と保残帯でちがいが見られるか、である。次ページの図は小

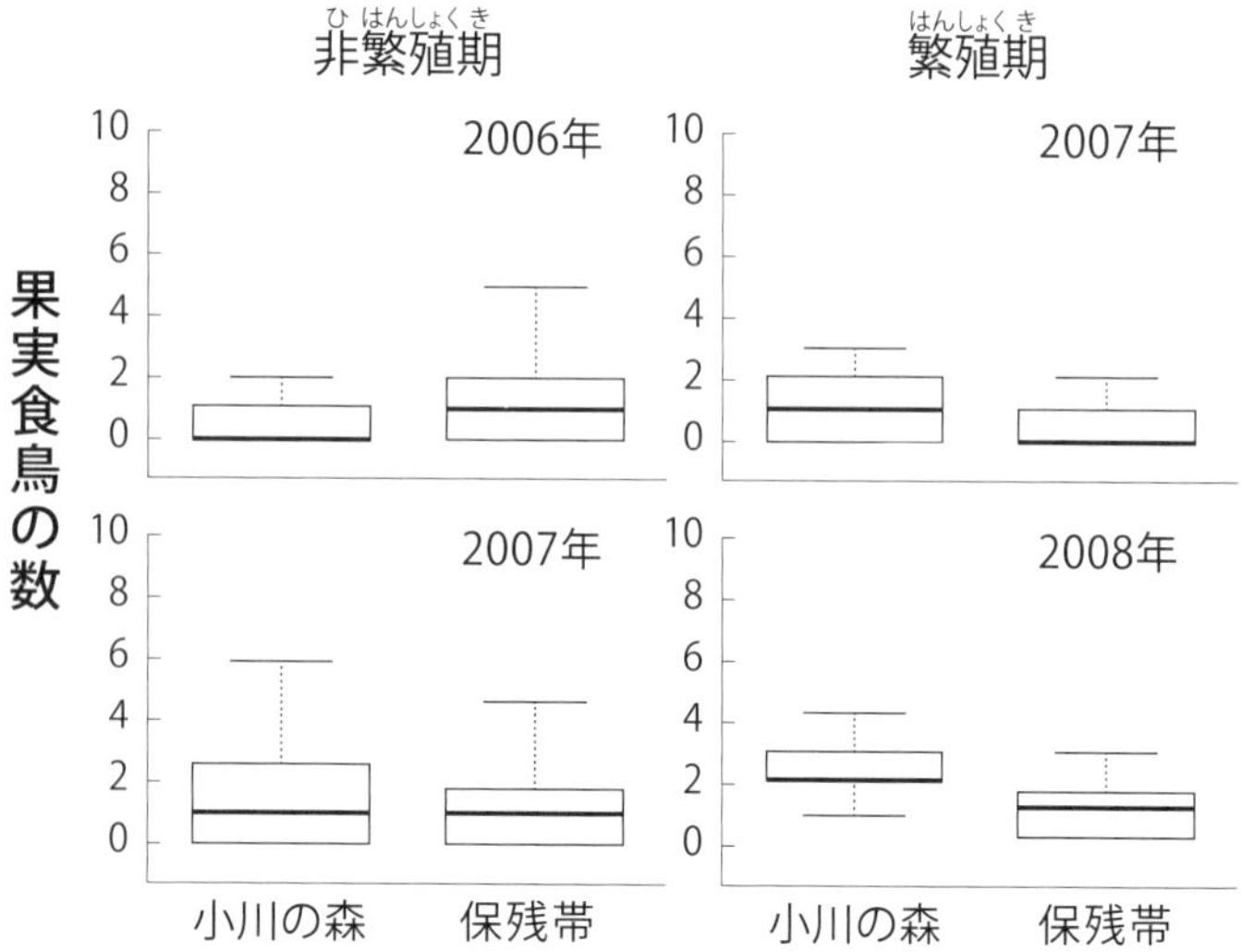

川の森と保残帯の果実食鳥の数を季節ごと、年ごとに分けたものである。図の見方が分かりづらいが、四角い図形の中にある太い線が鳥の数の中央値だ。中央値は鳥の数を小さい順に並べたとき、ちょうど真ん中にあたる数字で、平均値と同じような意味を持つ。四角い図形やその上下にある点線の長さは、調査ごとの鳥の数のばらつきの大きさを示している。何百回も調べた鳥の数をそのまま図にするととても見にくいので、このような図でかんたんに示すわけだ。

さて、図の説明が長くなったが、繁殖期《はんしょくき》の中央値を森林間で比較《ひかく》してみると、繁殖期《はんしょくき》には果実食鳥は小川の森で多く、保残帯で少ないことが読みとれた。この傾向《けいこう》は二〇〇七年、二〇〇八年の両方で同じであった。これは先ほど見てきた鳥類全体の傾向《けいこう》や、夏鳥で見られた結果と一致《いっち》する。果実食鳥の多くは、クロツグミやキビタキなどの夏鳥であったことが原因だろう。

一方で、非繁殖期《ひはんしょくき》には森林間でちがいは見られない、いや、むしろ二〇〇六年だと保残帯で多くなっていた。これは一体全体、どうしたことだろう？　非繁殖期《ひはんしょくき》に保残帯にいると、果実食鳥にとって良いことがあるのだろうか？　果実食鳥だけでそんなことが起こっているとしたら、彼《かれ》らのエサである果実が関係しているかもしれない。

そこで、先ほどの種子トラップで回収した種子を使って説明することを考えた。種子トラップに落下した、鳥散布の種子の量と、自然に木から落ちた種子の量を足しあわせると、周食散布樹木が生産した種子の量が分かる。そして、一つの果実に何個の種子が入っているかを調べれば、種子の量から、どれだけの果実が生産されたかが分かる。果実食鳥にとって、果実の量はエサの量と考えられるから、種子トラップで求めた果実の量で説明できるかもしれない。

このような考えから、先ほどのように鳥の数を森林間で単純に比較《ひかく》するのではなく、鳥の数に影響《えいきょう》する要因として森林のちがいが効いているのか、それとも果実量が効いているのかを調べる解析《かいせき》をおこなった。森林のちがいが影響《えいきょう》していれば、小川の森で果実食鳥が多い、あるいは保残帯で果実食鳥が多い、ということになる。もし果実量が影響《えいきょう》していれば、森林のちがいに関係なく、果実量が多い森林で果実食鳥が多い、ということになる。

両方の森林に種子トラップを設置していたのは、二〇〇六年の非繁殖期《ひはんしょくき》と二〇〇七年の繁殖《はんしょく》期《き》、非繁殖期《ひはんしょくき》の三時期である。これらの時期のそれぞれについて、関係を見てみた。

まず、二〇〇七年の繁殖期《はんしょくき》であるが、これは森林のちがいが影響《えいきょう》していて、小川の森で果実食鳥が多くなっていた。次に、二〇〇六年の非繁殖期《ひはんしょくき》であるが、これは小川の森か保残帯であるかは影響《えいきょう》しておらず、果実の量が多い森林で果実食鳥が多くなっていた。最後に、二〇〇七年の非《ひ》繁殖期《はんしょくき》であるが、果実食鳥の数は、森林間のちがいにも影響《えいきょう》を受けず、果実の量にも影響《えいきょう》を受けていなかった。

なぜ繁殖期《はんしょくき》には果実の量が影響《えいきょう》せず、非繁殖期《ひはんしょくき》には影響《えいきょう》したのだろう？　そして、なぜ非繁殖《ひはんしょく》期《き》であっても二〇〇七年には果実の量は影響《えいきょう》しなかったのだろう？　まず最初の疑問であるが、これは果実食鳥が主に何を食べているかが関係していると考えられた。これまで果実食鳥と言ってきたが、彼《かれ》らは何も果実だけを食べているわけではない。ほかのエサがたくさんあれば、そちらも食べる。そして彼《かれ》らの繁殖期《はんしょくき》には、大量のイモ虫が発生しているのだ。小川の森のような落葉広葉樹林では、秋になると植物の多くは葉を落とし、春にまた新しい葉を作る。そして、この新しい葉がイモ虫の大好物なのだ。

新しい葉は、とてもみずみずしくて柔《やわ》らかく、おいしそうに見える。じっさい、ヒトもこの時期の若葉を山菜としてよく食べる。たらのめ、こごみ、こしあぶら、山あすぱらがす、ぜんまい、わらびなどなど。植物は動物に葉っぱを食べられたくないので、葉っぱに動物の嫌《きら》いな物質を入れるのだが、でき立ての葉っぱにはそういった物質が入っていないので、実に食べやすいのだ。

さて、これまでイモ虫と一言で片づけてきたが、実際はチョウの幼虫、ガの幼虫などたくさんの種類の膨大《ぼうだい》な数のイモ虫である。そして夏鳥が東南アジアからはるばる日本にやってくるのは、このエサとして栄養たっぷりのイモ虫を求めてだ、と言われている。それだけイモ虫がいれば、鳥は果実には見向きもしないのかもしれない。でも非繁殖期《ひはんしょくき》である夏の終わりや秋になると、食べやすい若葉はまったくなくなってしまうので、イモ虫も大きく減ってしまう。一方で、その頃《ころ》になると果実がたくさん実りだす。春につけた葉で光合成して蓄《たくわ》えたエネルギーなどを利用して、秋にはさまざまな植物が果実を作るからだ。

わたしたちがふだん食べている稲《いね》やソバ、小麦も秋に実をつける。いわゆる実りの秋、収穫《しゅうかく》の秋である。イモ虫がいなくて果実がたくさんある秋には、果実食鳥は果実をたくさん食べているのだろう。その結果、鳥は非繁殖期《ひはんしょくき》のみ果実の量によって森を選んでいたのだろう。

次に二番目の疑問「なぜ非繁殖期《ひはんしょくき》であっても二〇〇七年には果実の量は影響《えいきょう》しなかったのだろう？」だが、これは需要《じゅよう》と供給の問題だと、ぼくは考えている。二〇〇六年は、とても果実が少ない凶作年《きょうさくねん》だった。一方で、二〇〇七年はかなり多くの果実が実った豊作年であった。二つの年には果実の量にして十倍くらいの大きなちがいがある。そして一方では、果実食鳥の数はせいぜい二倍程度しか変わらなかった。そうすると、果実食鳥一羽あたりの取り分は、二〇〇六年を一とすると二〇〇七年は五である。このことはヒトと同じで、鳥が食べられる量には限界がある。いくらたくさん果実があっても、食べつくすことはできないだろう。二〇〇七年には果実が余るほどあるために、森林間で果実の量が多少ちがっていても、わざわざ果実が多い森には飛んでいかなかったのだろう。ぼくは、このように考えた。

コシアブラ

アオハダ

最後は、肝心《かんじん》の種子の散布量だ。今までに話してきた果実食鳥の反応を反映しているだろうか？

種子散布量は果実食鳥が多い森で多くなっていると予想されるが、その調べ方は単純でなく、結果を得るまでには少々苦労した。種子散布量を評価する上では、ウワミズザクラ、ミズキ、カスミザクラ、アオハダ、コシアブラの五種類の樹木（以後、「樹種」という）を利用した。

ウワミズザクラ、ミズキ、カスミザクラの三樹種は鳥類の繁殖期《はんしょくき》、五月～八月中旬《ちゅうじゅん》に実をつける。一方で、アオハダ、コシアブラの二樹種は鳥類の非繁殖期《ひはんしょくき》、八月下旬《げじゅん》～十二月に実をつける。

繁殖期《はんしょくき》には果実食鳥が保残帯で少なかったことを考えると、繁殖期《はんしょくき》に結実する樹種の種子散布量は、保残帯で少なくなっているはずだ。逆に、非繁殖期《ひはんしょくき》に果実食鳥の数にちがいがないことを考えると、非繁殖期《ひはんしょくき》に結実する樹種の散布量は、森林間でちがいはないはずだ。

そこで森林間で散布量を比較《ひかく》してみた。繁殖期《はんしょくき》に結実する三樹種では、確かに保残帯で散布量が少なくなっている。よしよし、予想したとおりだ。では、非繁殖期《ひはんしょくき》に結実する樹種はと……、あれ、保残帯のほうが散布量が多くなっている。二〇〇六年は保残帯で果実食鳥が多くなっていたことで説明がつくけれど、二〇〇七年は森林間で果実食鳥の数にちがいはなかったはずだ。

よくよく考えてみると、結果をおかしくしている原因に気づいた。果実の生産量である。どれだけ鳥が頑張《がんば》って種子を持ち去ろうとしても、森の中に種子がなければ種子を持ち去ることはできない。たとえば、コシアブラの種子が小川の森に百個、保残帯に千個あり、果実食鳥は小川の森にも保残帯にも十羽いたとする。そして、一羽の果実食鳥は百個の種子を散布するとしよう。そうすると、保残帯では十羽で千個の種子が散布される。一方で、小川の森には百個しかないので、一羽が百個散布すればそれで終わりである。残りの九羽はひもじい思いをするが、仕方がない、ほかのエサを探すことになる。実際に、果実生産量と種子散布量には強い関係があった。果実生産量が多いほど、種子散布量も多くなっていたのだ。

◆種子散布量と森林改変の関係

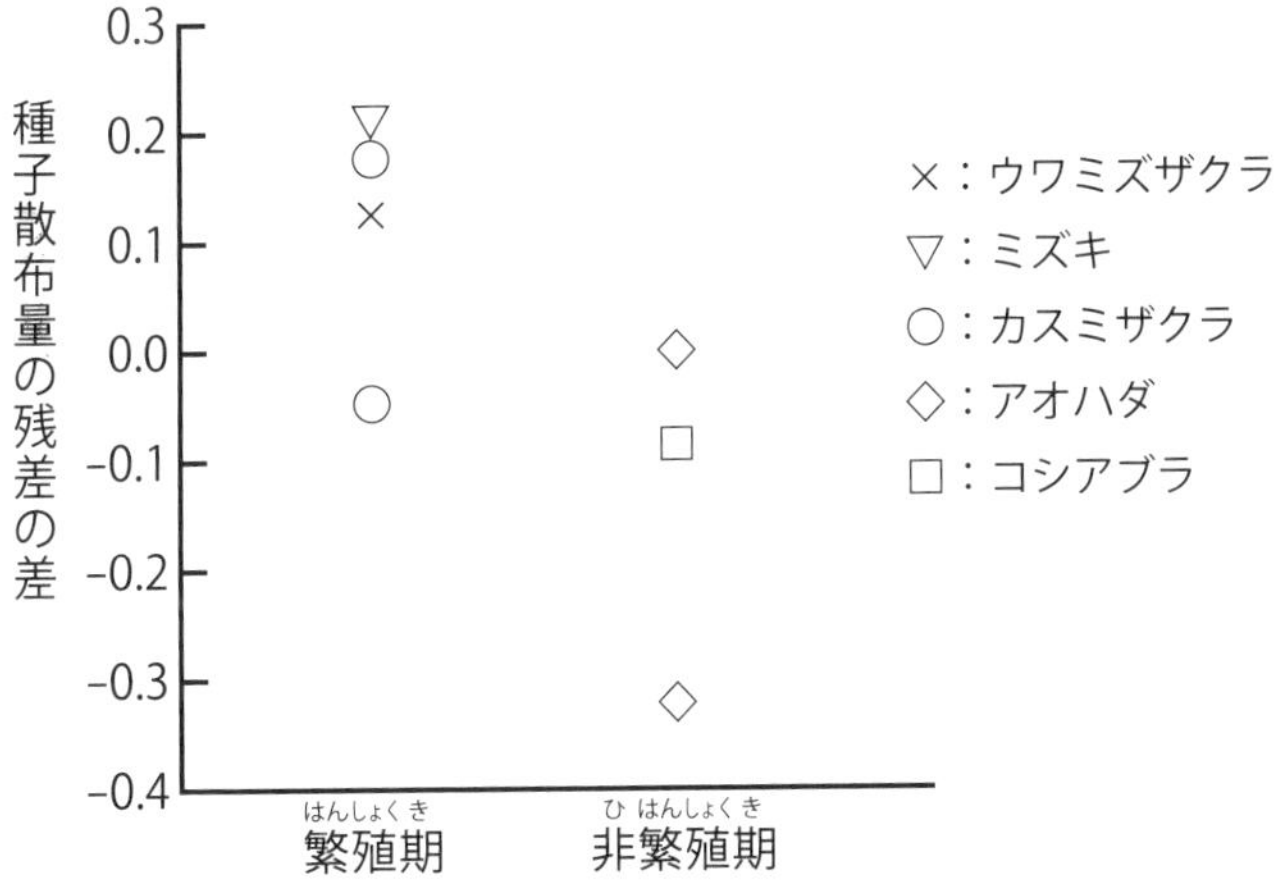

そこで、この関係を考慮《こうりょ》した解析《かいせき》を新たにおこなった。「残差《ざんさ》」というものを求めたのだ。これは、種子散布量から「果実生産量と種子散布量の関係」の分、散布量を差し引いた、散布量の残りの差、という意味である。この散布量の残差を森林間で比較《ひかく》すれば、純粋に散布量のちがいを比較《ひかく》できるというわけだ。そして森林間の残差の差をとったものが上の図である。

ウワミズザクラは二〇〇六年、ミズキは二〇〇七年しか十分に結実しなかったので、一年分の結果を示していて、他の樹種は二年分の結果である。この図では森林間の残差の差を求めているので、値が0であれば森林間でちがいがなく、0より大きければ小川の森で散布量が多く、0より小さければ保残帯で散布量が多いことを意味している。期待したとおり、繁殖期《はんしょくき》の散布量は小川の森で多く、非繁殖期《ひはんしょくき》には森林間であまりちがいが見られない、といった結果が得られた。

◆この研究から言えること

さて、今まで苦労して得られたデータについて何とかやりくりして結果を出すことができた。では、この結果はどういった意味を持つのだろう？　何の役に立つだろうか？　結果自体は面白いとして、その結果からどういった意味を見出すか考えることは、科学論文ではとても大切なことだ。

この研究の意味をまず動物の目線から考えてみよう。森林の改変が、動物にとって良くないと言われているけれど、日本のように残された森林の周囲が人工林の場合でもそうなのか、ということを確かめるのが今回の研究の目的であった。結果は鳥の繁殖期《はんしょくき》にはイエス、非繁殖期《ひはんしょくき》にはノーだった。

繁殖期《はんしょくき》に影響《えいきょう》が出たのは、鳥が子育てするためにたくさんエサが必要だったからだ。繁殖期《はんしょくき》に森にいる夏鳥や大型の留鳥は、ヒトの森林改変の悪影響《あくえいきょう》を受けていることになる。人工林は森であっても、残された森の代わりにはなれない。人工林は、スギやヒノキの苗《なえ》ばかりを植えて作った森だ。そのため、スギやヒノキを食べる昆虫《こんちゅう》しかおらず、またスギやヒノキは動物散布樹木ではないので、鳥が利用できるエサは少ない。さらに、人工林は残された森に比べて若いものが多い。営巣環境《かんきょう》となる木のウロなどは大木にならないとできないので、人工林にはほとんどない。エサが少なくて、巣を作る環境《かんきょう》も少ない人工林はあまり好まれないのだろう。

森林を改変しているぼくたちヒトの立場からすると、夏鳥や留鳥に対して何とかしてやりたいところである。最近ではお金にならない人工林の一部を切って、もともとあった広葉樹の森に戻《もど》そうとする活動が始まっている。こういった活動は、彼《かれ》らに喜ばれるだろう。一方で、非繁殖期《ひはんしょくき》には森林改変の影響《えいきょう》は見られなかった。子育てが必要ない非繁殖期《ひはんしょくき》にはある程度は我慢《がまん》できるのだろう。ただし、今回対象とした保残帯が二十九ヘクタールもある森林だということには注意が必要だ。いくら細長いといっても、東京ディズニーランドの半分以上、東京ドーム六個分以上の広さがあるのだ。また、保残帯の近くには大きな小川の森という避難《ひなん》場所もある。これらのことを考えると、もっと小さくて細長い森であれば、非繁殖期《ひはんしょくき》であっても鳥への悪影響《あくえいきょう》はあるかもしれない。繁殖期《はんしょくき》であればその影響《えいきょう》はもっと大きいだろう。

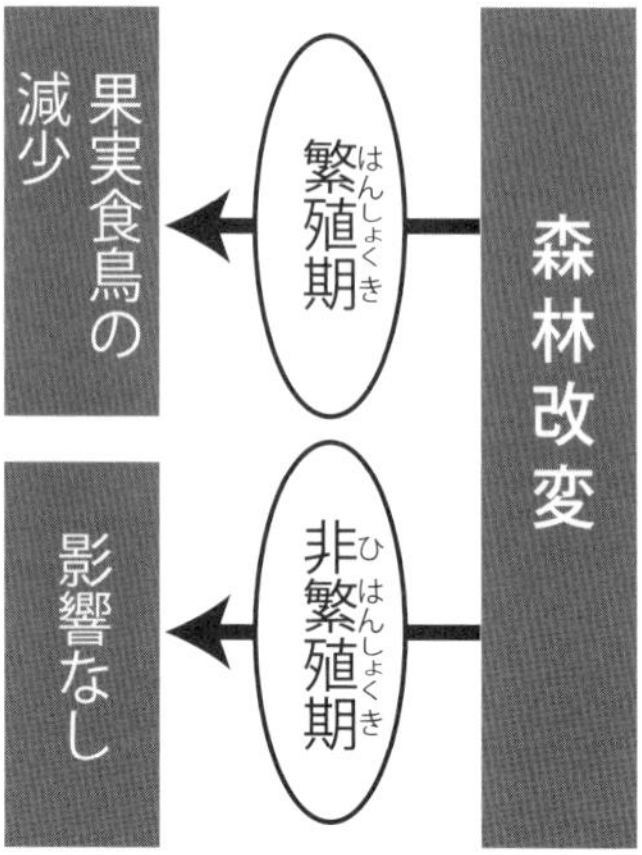

研究結果のまとめ

代表的な果実食鳥、ヒヨドリ

今回の研究で、人工林に囲まれた森でも森林改変の悪影響《あくえいきょう》を受けること、その影響《えいきょう》の大きさは繁殖期《はんしょくき》か非繁殖期《ひはんしょくき》かで異なる、ということは明らかになったけれど、もう少しくわしく調べる必要がありそうだ。

次に植物の目線から考えてみる。繁殖期《はんしょくき》に結実する植物では、果実食鳥が保残帯で少ないために、種子散布量が減少していた。種子散布が植物にとってとても重要なイベントだということは、この本の最初に述べてきた。種子散布で親木から離《はな》れられないと、病気がうつったり、昆虫《こんちゅう》やネズミに食べられてしまう。また、新天地に移住することもできない。ただ、種子散布が制限されてしまっても、そのこと自体で親木が何かダメージを受けるわけではない。パッと見た感じでは森には何の変化もない。でも、子どもが育っていかなければ、その植物はだんだんと減ってしまうだろう。日本と同じ、少子高齢化《しょうしこうれいか》の問題が起こってしまう。そのため、繁殖期《はんしょくき》に結実する植物については、その数が減っていないか、注意する必要がある。特にこの時期に結実するサクラの仲間は要注意だ。

ヒトが植えて管理しているソメイヨシノなどは減ることはないだろうが、ヤマザクラなど野生のサクラは今後減ってしまうかもしれない。平安時代、花が「咲《さ》く」と言えばヤマザクラが咲《さ》くことを意味していた（サクラの語源は「咲《さ》く」に由来するとも言われる）。ヤマザクラの開花を、心から楽しみにしていたのだろう。古くから日本人が愛してきた野生のサクラの減少は、日本人の心の風景をも、いつの間にか変えてしまうかもしれない。人工林はヒトが生活していく手段の一つとして作られるが、そのことによって失われてしまうものがあることは、気づいておきたいものである。

●コラム③　鳥の鳴き声判断

鳥の調査でむずかしいのは、鳥の種類の判断だ。森の中では木がじゃまで、鳥を目で見られる機会は少ない。そのため多くの場合、鳴き声だけで種類を判断する。これがクセモノだ。小川の森にいる五十種類ほどの鳥類を声だけで区別するのは大変だ。さえずらない非繁殖期《ひはんしょくき》はなおさらだ。それでも慣れてくると、ちがいが分かってくる。声質や、その鳥しか出さない声がてがかりとなる。

とはいえ、シジュウカラとコガラのような近縁《きんえん》な種の区別はむずかしい。一声だけ鳴いて去られた場合には、お手上げなことも多い。また、鳴き声をまねする鳥もやっかいだ。ガビチョウ（我媚鳥）はクロツグミなどのさえずりをうまくまねる。この場合は、ガビチョウが途《と》中《ちゅう》で鳴きまねをやめて自身の濁《にご》った声を出してくれれば区別できる。しかし、ぼくがクロツグミのさえずりをまねたガビチョウと思っていた声だが、「クロツグミをまねたガビチョウをまねたオオルリでは」と鳥の先生に指摘《してき》されたことがある。鳥の鳴き声判断は、奥《おく》が深い。

ガビチョウ

第5章

カラスによる
ユニークな種子散布

◆カラス、何が面白い？

前章では、留鳥か夏鳥かというような区別はしてきたが、特に鳥の種類については区別してこなかった。これは種子トラップで回収した散布種子について、どの鳥によるものか見た目では区別できなかったことが理由だが、鳥の種類によってそれほど散布能力にちがいはないだろうと思っていることも理由の一つである。ただし、一種、例外かもしれない鳥がいる。カラスの一種、ハシブトガラスだ。ハシブトガラスはスズメと並び、都会で最もよく見られる鳥でもある。ヒトをおそれず生ごみをあさっている姿はみなさんも見たことがあるだろう。「何だ、あのカラスか」とガッカリされた方もいるかもしれない。ただ、「あの」カラスだからこそ、ほかの鳥とはまったく異なるユニークな種子散布をしているかもしれない。そう考えた理由は三つある。

第一には、カラスという鳥自体が、他の鳥類と大きく異なっていることである。カラスの仲間は全部で百十三種おり、全世界に分布している。また、さまざまな環境《かんきょう》に適応している。砂漠《さばく》から標高八千メートルの高山にまでいる生き物というのはなかなかいないだろう。しかし何と言っ

カラスは賢《かしこ》い。

ても、注目すべきはその賢《かしこ》さである。
ニューカレドニアに住むカレドニアガラスは、植物の小枝を折り取ってカギ状に加工し、穴の中に隠《かく》れている昆虫《こんちゅう》を引きずり出すという。日本にいるハシボソガラス（嘴細鴉、クチバシが細いことから）は、自分では硬《かた》くて割れないオニグルミを道路に置いて、車にひかせて割ってもらって食べることが知られている。ハシブトガラスは火のついているロウソクをクチバシで切り取り、持ち去って後に食べるという。これは動物は火を恐《おそ》れるという常識を裏切るものである。ほかにもヒトのテニスやスキーを見て真似ようとしたりと、その賢《かしこ》さは我々の鳥の認識を変えてしまうほどだ。彼《かれ》らは種子散布においても、他の鳥とちがった賢《かしこ》い方法を取っているかもしれない。

第二には、ハシブトガラスが日本にたくさんいることがある。ハシブトガラスは、昔は森にいる鳥だったとされている。しかし、現在では森の中で見ることはあまりない。たとえば小川の森で鳥の調査をしていてハシブトガラスを観察することは、数回に一回である。一方で、都会では非常にかんたんに見つけることができる。これは森から都会に進出したからだと考えられている。

ハシブトガラスは英語でjungle crow、ジャングルのカラスと言う。都会のことを「コンクリートジャングル」と言ったりするが、ハシブトガラスは文字どおり、電柱やビルをジャングルと見立ててすみ着いているようだ。さらに彼《かれ》らは都会で出る生ごみをエサとすることで、その数を森にすんでいた昔に比べて、大きく増やしている。エサを生ごみにたよる一方で、彼《かれ》らのねぐらはやはり森である。昼は生ごみを食べに出勤し、夜は寝《ね》るために都市に点在する森に帰るわけである。東京だと、明治神宮や上野公園などが彼らのねぐらになっている。森をねぐらにする理由はよく分からないが、寝《ね》るときにはヒトが少なく、落ち着ける環境《かんきょう》を求めているのかもしれない。

そんな彼《かれ》らの生活が、ねぐらである森に影響《えいきょう》を与《あた》えていることが分かってきた。彼《かれ》らは森林で

都会でごみをあさるハシブトガラス

おびただしい数のフンをする。ただし、そのフンの出所の多くはヒトの出す生ごみであり、もともとはヒトの食べ物であり、さらにその前はオホーツク海を泳いでいたサケであったりオーストラリアで育てられていたウシであったり、フィリピンに生えていたバナナであったりする。ハシブトガラスは、町中で生ごみを食べて森林でフンをすることで、日本の森が今まで経験したことのなかった栄養、肥料を与《あた》えているのだ。肥料の量や質によって、植物の成長は変わってしまうし、生息できる植物の種類も変わってしまう。そうすると、生息する動物も変わっているかもしれない。ハシブトガラスの生ごみという肥料の投入によって、森は大きく変化しているかもしれないのだ。

一方、森で果実を食べているのであれば、街中に出ている間にフンをすることで、森の外に種子を散布しているはずである。彼《かれ》らの大きさや数の多さを考えると、たくさんの種子を散布しているだろう。そうすると、彼《かれ》らは森の拡大や新天地への移動に一役買っているかもしれない。面白いことに、ヨーロッパの研究者の話では、あちらでは日本ほど多くの数のカラスは見られないという。そうすると、ハシブトガラスの種子散布を研究すれば、他の国では見られない、面白い結果が得られるかもしれない。

第三には、その体の大きさである。ハシブトガラスは体重が五百グラムもある。これは、ヒヨドリの十倍近く、メジロの数十倍に相当する。そのため、小鳥たちが飲み込《こ》めないような大きな果実を食べて、その種子を散布している可能性がある。もしそうなら、森林改変によって大きな果実の散布者である哺乳類《ほにゅうるい》がいなくなっても、ハシブトガラスがその役割をある程度肩代《かたが》わりしてくれるかもしれない。

いろいろとハシブトガラスの面白さを述べてきたが、この研究を始めようと思ったきっかけは、ベランダで彼《かれ》らのフンやペリットを拾ったことにある（次ページ写真）。ペリットとは鳥が口から吐《は》き出したかたまりのことで、骨や種子など消化できなかったものが多く含《ふく》まれている。

ぼくが研究生活を送った京都大学の生態学研究センターのベランダには、ハシブトガラスのフンやペリットがたくさん落ちていた。どうやら彼《かれ》らの休けい場所としてよく使われているらしい。また、彼《かれ》ら以外にベランダにやってくる鳥は昆虫食《こんちゅうしょく》のコシアカツバメ（腰赤燕）のみであった。そうすると、ベランダに落ちている種子はハシブトガラスが運んだものだと断定できる。

さらに、研究をしている学生部屋からベランダまではわずか十メートルである。ほんの少し歩けば、研究センターにいながらにして、野外調査をおこなえるのだ。小川の森まで行くには往復十二時間。一方でこの調査は往復十秒、こんなに楽な調査はそうそうないだろう。ベランダでフンとペリットを拾うこと、同時に最寄りの森林で実っている果実を記録すれば、ハシブトガラスはたくさんある果実の中で何を選んでいるかが分かると考えた。また、これだけかんたんな調査であれば、長く続けられると思った。実際、最初にペリットを見つけた二〇〇七年から二〇一一年までの五年間、この調査を続けることができた。

カラスのフン

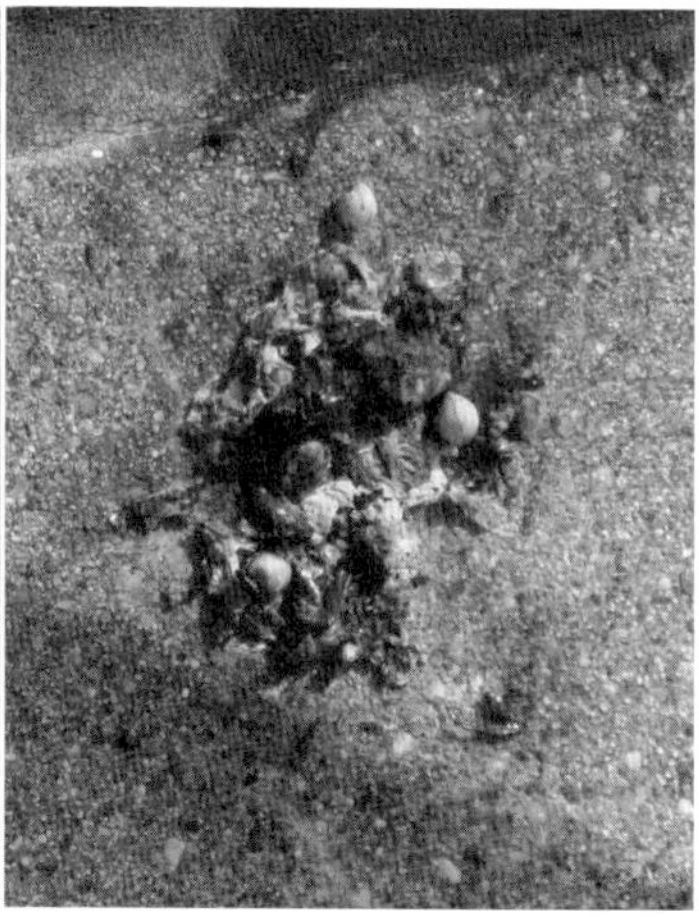
カラスのペリット

この研究は小川での調査を続けながら、片手間でおこないたかった。そのため、調査方法はとてもかんたんなものにした。まず調査地の生態学研究センターは、滋賀県大津市《しがけんおおつし》にある。建物を囲んで大学の実験用の農地や池があり、その周囲には若い落葉樹林や住宅地が広がっている。カラスはこの落葉樹林で実っている果実を食べ、ベランダにフンをしていると思われた。そこで、月に一回くらいの頻度《ひんど》でルートを決めて二次林の中を歩き、実っている植物の名前とその本数を記録した。

また、同じ時期に鳥の調査をおこなった。この調査は、ハシブトガラスが落葉樹林を利用しているかどうか、また他の鳥に比べて森の外に多いかどうかを調べることが目的である。他の鳥としてはヒヨドリとメジロを選んだ。ヒヨドリとメジロを選んだのは、彼《かれ》らが日本では最も数が多い果実食鳥だからだ。また、ハシブトガラスと同じく留鳥で一年中いるので、一年を通して比《ひ》較《かく》できるというメリットもある。果実の調査と同じルートを一時間かけて歩き、ハシブトガラス、ヒヨドリ、メジロについて姿や鳴き声から、彼《かれ》らが森の中にいるのか外にいるのかをチェックした。もしハシブトガラスが自由に動いているのであれば、ハシブトガラスは森の中でも外でも同じように観察されるだろう。一方で森林生の鳥は森の外に出たがらないので、森の中でのみ観察されると予想された。

◆カラスは森を自由に出入りする

調査の結果、ヒヨドリは五十回調査をおこなったうち、四十九回森の中で記録された（割合にして九十八パーセント）。しかし、森の外での記録はわずか十七回であった（三十四パーセント）。メジロも同様で、五十回の調査のうち四十六回森の中で記録された（九十二パーセント）ものの、森の外での記録はたった六回であった（十二パーセント）。この結果から、ヒヨドリとメジロは森の外にはあまり出ないことが分かる。ちなみに、彼《かれ》らが森の外で記録されたのは秋冬であった。秋冬には彼《かれ》らの一部は渡《わた》りをおこなうことが知られている。きっと渡《わた》り鳥が森を出入りしていたために、森の外でも記録されたのだろう。

一方、ハシブトガラスでは異なった結果が得られた。ハシブトガラスは五十回の調査のうち、三十六回森の中（七十二パーセント）、四十六回森の外で記録されており（九十二パーセント）、森の中でも外でもひんぱんに観察された。予想したとおり、ハシブトガラスは森の中であろうと外であろうと気にしておらず、自由に行き来しているようだ。調査の際にも、ハシブトガラスが森の中から外へ、あるいは森の外から中へ移動しているのを何回も確認することができた。さて、彼《かれ》らが森の中と外を出入りしていることは分かったが、ちゃんと果実を食べているのだろうか？　もし生ごみだけを食べているのであれば、いくら移動していても種子散布にはつながらない。

◆カラスはさまざまな種子を散布する

ハシブトガラスのフンやペリットの中身を見てみると、植物の種子でいっぱいだった。二〇一〇年を例にとってみると、拾った種子数は千三百九十一個、植物の種数にして十五種で

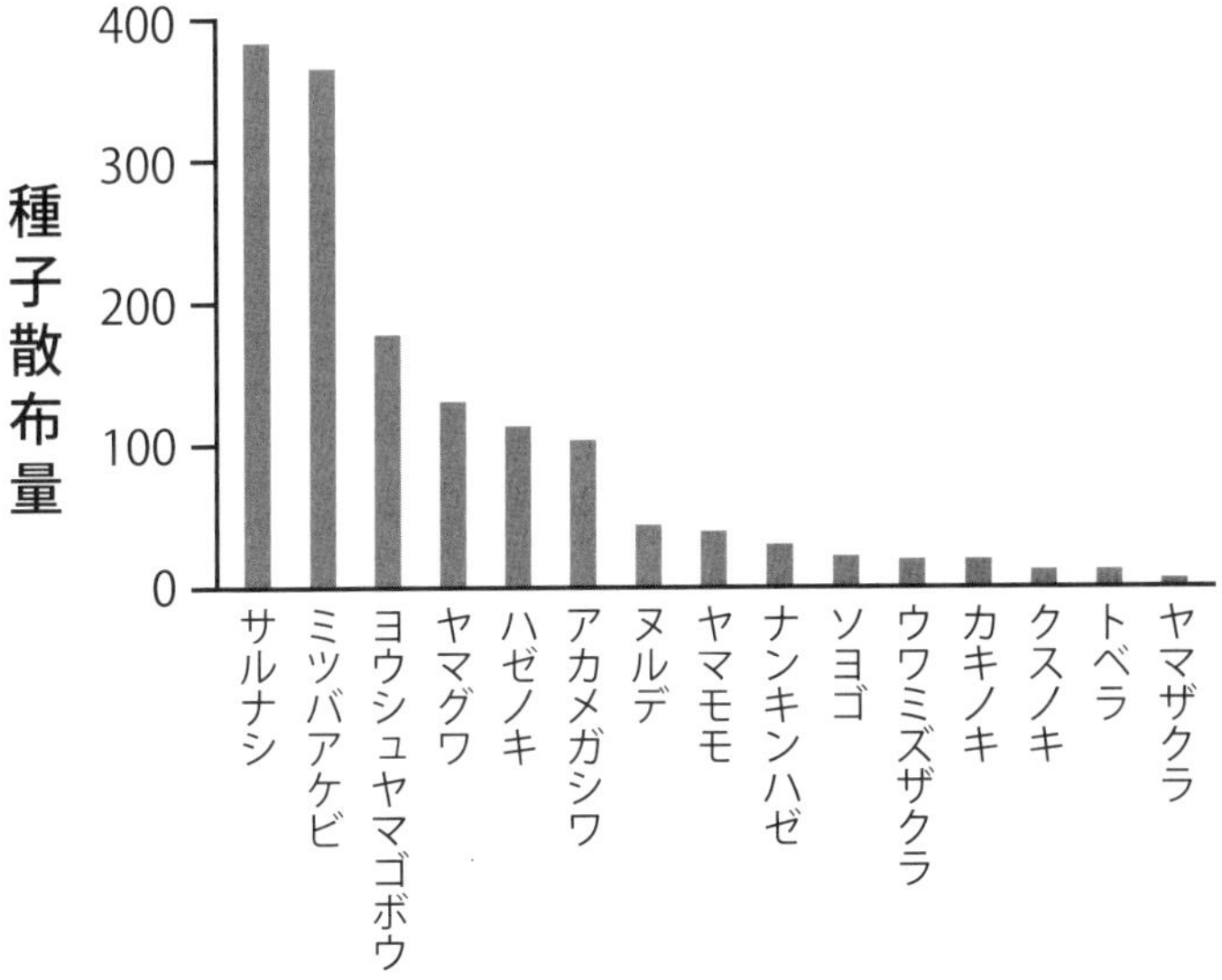

あった。種子のうち、割れているのはほんの少しで、それもハシブトガラスが割ったというよりは、ヒトがぐうぜん踏《ふ》みつぶしてしまったと考えられるものがほとんどだった。また、利用する果実の大きさもさまざまだった。果実の直径が四ミリのヌルデ（白膠木）から四十ミリのカキノキまで、幅広《はばひろ》く利用していた。

一方で、ハシブトガラスの利用する果実には大きなかたよりがあった。この森で一番多く実っていた植物はウワミズザクラ、カナメモチ（要黐）、ソヨゴ（冬青）、ハゼノキ（櫨の木）であった（次ページ表）。しかし、ソヨゴの種子がフンやペリットから出てきたのは二回だけ、カナメモチが出てきたことは一回もなかった。どうやらいっ

植物種	結実本数	果実サイズ（mm）
ウワミズザクラ	13	8
カナメモチ	12	5
ソヨゴ	12	8
ハゼノキ	12	11
ヒサカキ（柃）	9	4.5
ナツハゼ（夏櫨）	8	5
ミヤマガマズミ	7	7.5
アカメガシワ（赤芽槲）	6	8
コシアブラ	6	4.5
タカノツメ	5	5.5
コバノガマズミ（小葉の莢蒾）	5	6
アオハダ	4	7
イソノキ（磯の木）	4	6
エビガライチゴ（海老殻苺）	4	15
ヌルデ	4	4
ウスノキ（臼の木）	3	7.5
タラノキ	3	3
ヤマウルシ（山漆、野生のウルシ）	3	5.5
ヤマザクラ	2	7.5
ゴンズイ（権瑞）	2	10
サルトリイバラ（猿捕茨）	2	8
ヤマブドウ	2	8
スノキ（酢の木）	1	8
ヘビイチゴ（蛇苺）	1	13.5
ホオノキ（朴の木）	1	10
アオツヅラフジ（青葛藤）	1	6.5
イヌツゲ（犬黄楊）	1	5.5
サカキ（榊、神社の境に植えられたのが語源）	1	7.5
フユイチゴ（冬苺、冬に実る）	1	10
ミツバアケビ	1	35
ムラサキシキブ	1	3
ヤブコウジ（藪柑子）	1	5.5
クスノキ（樟）	ルート外で発見	8
トベラ（扉、「とびら」に使われたのが語源）	ルート外で発見	12.5
ナンキンハゼ	ルート外で発見	15
センダン（栴檀）	ルート外で発見	17.5
ツルウメモドキ	ルート外で発見	7.5
ノイバラ	ルート外で発見	7.5
ヘクソカズラ（屁糞葛、花のにおいが語源）	ルート外で発見	5
ミズキ	ルート外で発見	6.5
レッドロビン	ルート外で発見	5.5
カキノキ	未発見	40
サルナシ	未発見	22.5
ヤマグワ	未発見	12.5
ヤマモモ	未発見	17.5
ヨウシュヤマゴボウ	未発見	8

森に実っていた植物と、その果実サイズ。灰色の網《あみ》かけの植物は、カラスに散布されていない。

ハゼノキ

ヤマグワ

ぱい実っている植物をねらって食べているわけではなさそうである。

たくさん散布されていた種子はサルナシ、ミツバアケビ、ヨウシュヤマゴボウ（洋種山牛蒡、洋種は西洋から来たことを意味）、ヤマグワ（山桑、野生のクワ）、ハゼノキなどだった。ハゼノキは比較的《ひかくてき》多く実っていたが、ミツバアケビはほとんど結実が観察されなかった植物だった。さらに、サルナシ、ヨウシュヤマゴボウ、ヤマグワに至っては結実の観察すらできなかった植物だった。

散布種子数は比較的《ひかくてき》少ないものの、ヤマモモ（山桃）やカキノキも結実が観察できない植物だった。ヤマモモについては、確認した限りでは

ヤマモモ

センターから二キロも離《はな》れた公園にしか存在しない。どうやらハシブトガラスはわざわざそこまで遠出をしてヤマモモを食べているらしい。これらの結果は、ハシブトガラスが果実に対してハッキリとした好みがあることを意味している。それでは、彼《かれ》らが好んでいる果実には何か共通した特徴《とくちょう》があるのだろうか？

一つ考えられるのは、果実の大きさである。例外はあるものの、利用した果実は大きいものが多い。これはどうしてだろう？　ひょっとすると彼《かれ》らは効率的に食べられる果実を選んでいるのかもしれない。同じ量の果実、たとえば百グラムの果実を食べようとしたとき、果実一個の重さが一グラムであれば、カラスは百個の果実を食べないと

カキを食べるハシブトガラスと、フンから見つかった種子（円内）

いけない。一方で果実一個の重さが五十グラムであれば二個果実を食べるだけでよい。カラスは豊富にある小さい果実をたくさん食べるよりも、数が少ない大きな果実を探し出して少し食べるという戦略を取ることで、エサを食べる時間やエネルギーを節約しているのかもしれない。

読者の中には数が少ない大きな果実を探すのにも時間がかかるのではないか、と疑問に思われた方もいるかもしれない。そのとおりなのだが、ここでカラスの賢《かしこ》さを思いだしてほしい。ここではカラスのすぐれた記憶力《きおくりょく》が関係していそうである。カラスは一度には食べきれないエサを地面などに埋《う》めて隠《かく》して、数か月たってから掘《ほ》り出すことが知られている。アメリカのハイイロホシガラス（灰色星鴉）は　植物の種子三万個を二千か所に貯え、九か月後でも見つけることができるという。また、ハシブトガラスを捕《つか》まえて調査をおこなっていた研究者が、十年位経って再び調査地を訪れたところ、まだカラスが調査員を明らかに覚えていて、怒《いか》りの行動をとったという逸話《いつわ》もある。このようなすぐれた記憶力《きおくりょく》を駆使《くし》すれば、一度見つけた結実木を再訪することは容易だろうし、去年実った木を覚えていて、実っている時期に再訪しているかもしれない。このようなことが可能であれば、果実の探索《たんさく》にかかる時間はそれほどかからないだろう。

ただし、果実の大きさ以外にも影響《えいきょう》している要因はあるかもしれない。果実の質、つまり栄養である。ひょっとすると、ハシブトガラスは栄養が豊富なおいしい果実ばかりを食べていて、まずい果実には見向きもしていないのかもしれない。カラスの利用する果実にはヒトが食べられるものも多くあり、またハゼノキやヌルデなどのウルシの仲間は脂肪分《しぼうぶん》が豊富だと言われている。一方で、ソヨゴやカナメモチなどカラスが利用しない果実には、みずみずしさが少なく、まずそうに見えるものも多い。野生の果実の栄養成分の研究はまだそれほど進んでいないが、今後は栄養に注目して調査しても面白いかもしれない。

◆カラスの散布方法

果実をどのように食べるかにも、ハシブトガラスならではの特徴《とくちょう》が見られた。彼《かれ》らはしばしば木に実っている果実をその場では食べずに、ベランダまで運んでから食べていた。ふつうの鳥は果実をその場で飲み込《こ》む食べ方しかしない。しかしハシブトガラスは、果実をクチバシにくわえて持ち去ることで、一口では飲み込《こ》めないような大きな果実も持ち去っている。ぼくはミツバアケビやビワ（枇杷）などの巨大《きょだい》な果実をハシブトガラスがクチバシでくわえて飛んでいるのを何度となく目撃《もくげき》している。カケスやヤマガラでは、ドングリを持ち去って貯えることが知られているが、ハシブトガラスが持ち去る果実は生もので貯えてもすぐに腐《くさ》ってしまう。そのため、持ち去ってからすぐに食べていると考えられる。

巨大《きょだい》で重い果実を持ち去るのにはエネルギーを使うし、途中《とちゅう》で落としてしまうかもしれない。このような不利な点にも関わらず彼《かれ》らが果実を持ち去る理由はよく分からない。哺乳類《ほにゅうるい》でもこのような報告はあまりないように思う。彼《かれ》らはひょっとすると、落ち着いた場所で食べたいだけなのかもしれない。ベランダは周囲の森よりも高いところにある。ベランダからは周囲の動向を容易に把握《はあく》することができるので、安心して食べられるのかもしれない。

ただ、彼《かれ》らの食べ方は植物にとってうれしくないこともありそうだ。彼《かれ》らは小さな果実についても、たくさんの果実のついた枝を、枝ごとむしり取って運ぶことがある。この場合は枝に葉っぱがついていることも多い。植物にとってみれば種子を運んでくれることはありがたいものの、光合成をおこなうための葉やそれを支える枝をむしり取られるのは困るだろう。このハシブトガラスの枝むしりが植物にどれだけ不利益を与《あた》えているのか、気になるところである。

さて、これまでに述べてきた結果をもとに、ハシブトガラスの種子散布者としての役割について考えてみよう。

◆カラスの散布者としての役割

まず、ハシブトガラスがたくさんの種類の果実を食べており、また種子を破壊《はかい》していなかったことは大事な点である。このことは多くの植物にとって、ハシブトガラスは散布者としての役割を果たしていることを意味している。今回散布が確認されたカキノキの果実は日本の野生植物としては最大であるため、大きさの点でハシブトガラスに散布できない果実は日本には存在しないと言えるだろう。ハシブトガラスは日本だけでなく、北はロシアから南はインドにまで分布しているが、海外でもカラスが散布できない果実はあまり存在しないのではないだろうか。

次に、森の外に種子を運び出す役割である。森の外に出ていかないヒヨドリやメジロは、植物が森の中で世代交代していく上では大事だが、新天地への移動には役に立たないだろう。一方でハシブトガラスは森の中と外を行き来しているので、新天地に移動する機会を提供してくれている。最近では、地球温暖化ということがよく言われている。地球全体が以前より暑くなっているのだ。そのため、植物はもっと寒い場所、つまり標高が高い場所や北に移動していかなければならない。こういった状況《じょうきょう》では、ハシブトガラスによる種子散布は大きな役割を果たすかもしれない。ハシブトガラスがヤマモモで見たように長距離《ちょうきょり》の種子散布をおこなうこと、その数が多いことを考えると、その役割はなおさら大事かもしれない。

また、ハシブトガラスが森の中と外を行き来していることや、町中でもふつうに見られることは、彼《かれ》らが森林改変の影響《えいきょう》を受けにくいことも示唆《しさ》している。森林改変によって他の果実食者がいなくなっても、代わりに種子を散布してくれるかもしれない。ハシブトガラスが鳥類に散布されるような小さな果実から、哺乳類《ほにゅうるい》に散布されるような大きな果実まで幅広《はばひろ》い果実を散布できることもこの効果を高めているだろう。

しかしながら、注意点もある。一つにはハシブトガラスは果実を選り好みしていることだ。このことは、ハシブトガラスに散布される植物にかたよりがあることを意味している。結果として、ハシブトガラスによって作られる森林は、彼《かれ》らが好む植物ばかりになるかもしれない。二つ目には、ハシブトガラスが外来植物も利用するということである。今回の研究で散布が確認された植物のうち、ヨウシュヤマゴボウとナンキンハゼ（南京櫨）は外来植物である。ハシブトガラスによる種子散布は外来植物を増やしてしまう可能性があることにも注意する必要がある。

ヨウシュヤマゴボウ

●コラム④　芽生えの調査

ここまで種子散布に注目して話してきたが、種子散布が植物に本当に役立っているのかは、散布以降の段階も調べないといけない。散布された種子が死なずに芽生えとなり、さらに成長して親木になって初めて、種子散布は成功したと言えるのだ。ここでは、ぼくがおこなっている芽生えの調査についてかんたんに紹介《しょうかい》しよう。芽生えの調査は、種子トラップのすぐ横に作った枠《わく》の中でおこなう。こうすると、種子トラップに落ちてきた種子と同じだけの種子が枠《わく》の中に落ちてきたと考えられるので、落下種子のうちいくつが芽生えになったのかが分かるのだ。

ところが、この調査、なかなか大変である。まず、芽生えを観察しても草と木の区別がなかなかつかない。木と草は大きさが全然ちがうし、木の幹は茶色で固いのでは、と思った方もいるかもしれない。ある程度大きくなればそのとおりなのだが、生まれたばかりの芽生えは、草より小さいこともよくあるし、幹も緑色で固くはないのだ。そのため経験を頼《たよ》りに、草に紛《まぎ》れて生えている二、三センチの芽生えを、目を皿にして探すことになる。

さらに、発芽したばかりの芽生えは、親とは似ても似つかない姿かたちをしているのだ。しか

◆親木の葉と、一年目の芽生え
左上：ミズキ
左　：アオダモ
上　：芽生えの一本一本に旗をつける。

も、植物によってはその芽生えの姿かたちを誰《だれ》も知らないことがあって、自分で何の子どもかを探しあてなければならないこともあった。まだあまり研究されていないためにこのようなことになるのだが、その分、面白い結果が得られることも多い。たとえば、ある植物は百個種子を落としても、そのうち一個しか芽生えにならない。一方で百個種子を落としてそのうち九十個が芽生えになる植物もいる。きっと種子散布が植物の世代交代に果たす役割も植物の種類によってちがっているだろう。いつか芽生え調査の結果もどこかで紹介《しょうかい》したいと思う。

第6章

今後の展望

◆残った宿題とその先

「小川の森で鳥の種子散布をすべて調べあげる」という研究テーマを森林総合研究所の正木《まさき》さんにいただいてから、はや九年間がたっている。この間に小川の森の研究で博士論文を書き、博士号を授与《じゅよ》されている。このうち科学論文になっているものは4章でお話しした内容の二本だが、これらは二〇〇六年から二〇〇八年までの三年分の研究内容にすぎない。まだまだ正木《まさき》さんの宿題に十分に答えたとは言えないものの、この九年間で新しく分かってきたこともある。ここでその成果をかんたんに紹介《しょうかい》しつつ、今後の研究について考えていることも話してみたい。

◆鳥の子育てと種子散布距離《きょり》

読者の中には、4章で設置した種子トラップの数が小川の森でずっと多かったことを疑問に思った方もいるかもしれない（小川の森に三百二十六個、保残帯に六十七個）。なぜ小川の森だけでこんなに労力をかけたかというと、「種子散布距離《きょり》」を求めたかったからだ。三百二十六個のトラップは、次ページの図のように、六ヘクタールの方形区に等間隔《とうかんかく》で配置してある。同時

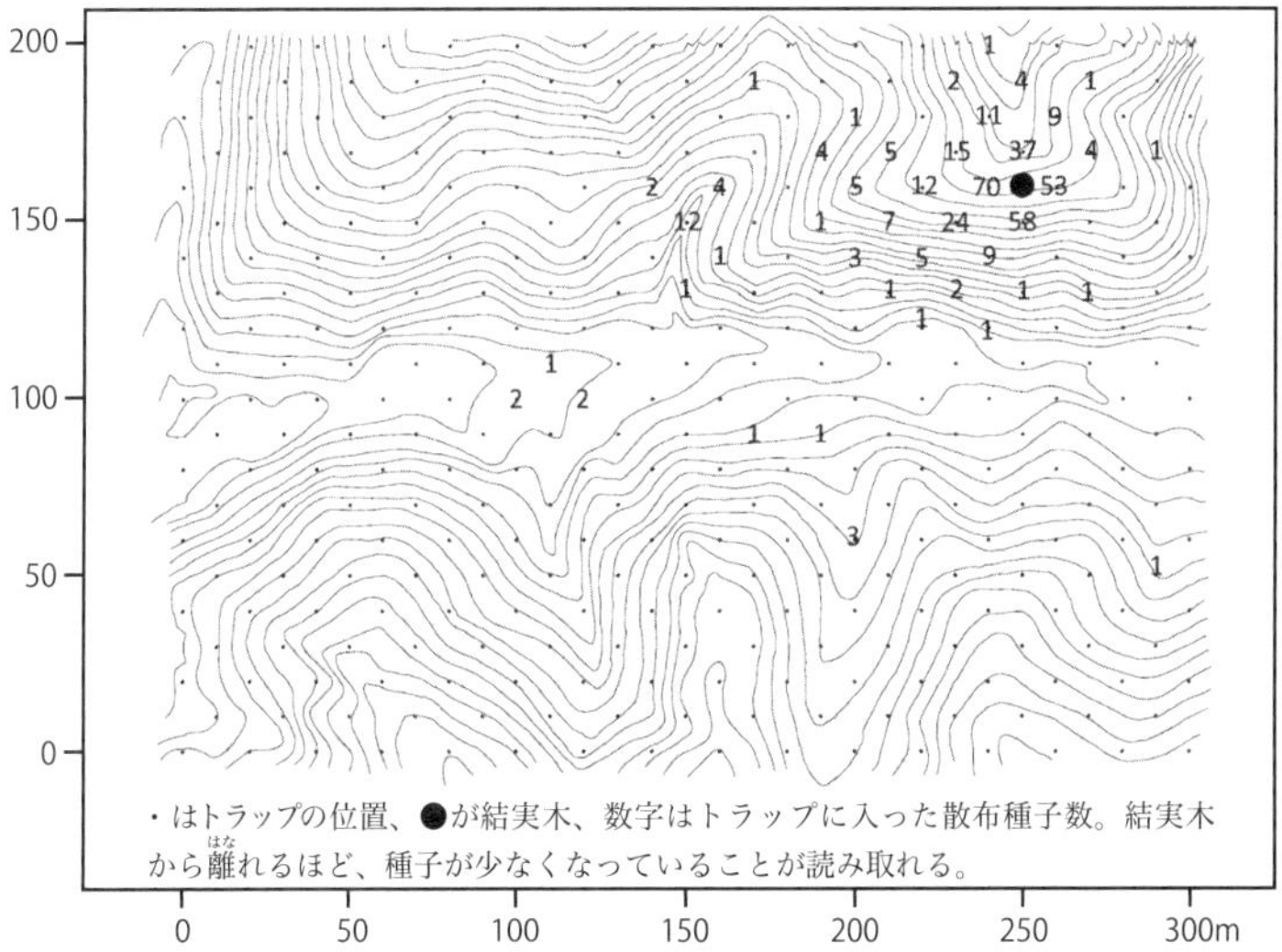

・はトラップの位置、●が結実木、数字はトラップに入った散布種子数。結実木から離《はな》れるほど、種子が少なくなっていることが読み取れる。

に、方形区内で実っている木の場所をすべて記録する。そうすると、散布種子の入ったトラップと結実木との距離《きょり》を測ることで、散布距離《きょり》が求められる。これを一個一個の散布種子について調べると、注目している樹木の種子が平均的にどのくらいの距離《きょり》を散布されているかも明らかにできる。話としては単純だが、実った木がたくさんあると計算はとたんにむずかしくなるので、正確に散布距離《きょり》を求めるためにはたくさんの散布種子が必要になる。また鳥の行動範囲《はんい》を押《お》さえるためには数ヘクタールは必要になるので、こんなにたくさんのトラップが必要になったのだ。

さて、さまざまな樹木で散布距離《きょり》を求めてみると、面白い結果が得られた。ヒヨドリやメジロ、キビタキといった留鳥と夏鳥のいる春夏に実る樹木では、留鳥に加えてツグミやシロハラなど冬鳥のいる秋冬に実る樹木に比べて散布距離《きょり》が短かったのである。きっと子育て中の留鳥や夏鳥は、子どものいる巣から離《はな》れられないので移動距離《きょり》が短く、散布距離《きょり》も短くなったのだろう。一方で子育てを終えた留鳥や冬鳥はエサを求めて自由に移動した結果、移動距離《きょり》が長くなっていたのだろう。現在は本当に繁殖期《はんしょくき》かどうかで鳥の移動距離《きょり》がちがうのか、鳥の移動を直接観察して確かめているところだ。このことが確かめられれば、同じ種類の鳥であっても季節によって散布者としての役割がちがうことが明らかになるだろう。

◆鳥類による散布と哺乳類《ほにゅうるい》による散布

2章では、鳥類が好む果実と哺乳類《ほにゅうるい》が好む果実があると述べた。しかし、3章で少し話したように、小川の森で九年間観察し続けていると、果実の多くは鳥類と哺乳類《ほにゅうるい》の両方によって散布されていることが分かってきた。たとえば、カスミザクラの果実は赤色と黒色で、果実の直径は八ミリと小さく、とてもヒトが食べられる味でもないので鳥類向けの果実に思える。しかし、ヒヨドリやクロツグミなどの鳥類に加えて、ニホンイタチやテン、タヌキによっても食べられていた。

逆にヤマボウシの果実は直径は十五ミリと比較的《ひかくてき》大きく、ヒトが食べてもおいしいので哺乳類《ほにゅうるい》向けの果実に思える。ところが、アナグマのフンからたくさん種子が見つかる一方で、鳥のフンしか入らないはずの種子トラップから見つかることもある。

どうやら鳥類向けの果実、哺乳類《ほにゅうるい》向けの果実と完全に分けることはできないようだ。そうすると、ある植物の種子散布を評価するためには、鳥類と哺乳類《ほにゅうるい》両方の散布を調べないといけない。そのためには大変な労力がかかるが、小川の森では可能かもしれない。それというのも、ぼくは種子を回収するためにトラップを回っているとき、地面で見つかった哺乳類《ほにゅうるい》のフンを拾い続けていたのだ。その数は五百個ほどになる。

このフンから種子を取り出せば哺乳類《ほにゅうるい》による種子散布量が分かるし、結実木からの距離《きょり》を測れば散布距離《きょり》も求めることができる。これら鳥類と哺乳類《ほにゅうるい》の種子散布のデータを使えば、それぞれの種子散布を比較《ひかく》して評価することができる。ひょっとすると、移動距離《きょり》の短い鳥類は親木の近くにたくさんの種子を、移動距離《きょり》の長い哺乳類《ほにゅうるい》は遠くに少しの種子を散布している、といったことが分かるかもしれない。また、果実の大きさや実る時期によって、散布する動物はちがうだろうし、そのことによって散布距離《きょり》や散布量もちがってくるだろう。それぞれの動物がどのような役割を果たしているのか、結果が出るのが楽しみである。

◆科学技術の発展で見えてきた新しい世界

近年では科学技術の発展に伴《ともな》って、今までできなかった研究もおこなえるようになってきた。

三つほど例を挙げてみよう。

一つ目は、種子に含《ふく》まれる二次代謝物質の研究である。二次代謝物質は、一次代謝物質と呼ばれる生きていく上で絶対に必要な糖やアミノ酸などから作られる。二次代謝物質は必ずしも生きていく上では必要ないが、それぞれ変わった役割を持っている。

たとえば、トウガラシ（唐辛子）の辛《から》み成分であるカプサイシンという二次代謝物質がある。名前を知らなくても、トウガラシの辛《から》さはだれでも知っているだろう。ヒトはカプサイシンをキムチなどの香辛料《こうしんりょう》として幅広《はばひろ》く用いている。でも、トウガラシはなぜこのような辛《から》み成分を作る必要があったのだろう？　最近の研究から、哺乳類《ほにゅうるい》ではなく鳥類に種子を散布してもらうためにカプサイシンを作っていることが分かってきた。野生のトウガラシが生育する場所には、ネズミが生息している。カプサイシンを含《ふく》んでいない辛《から》くないトウガラシを人工的に作ってみて、その種子を野外に置いておくと、ネズミは種子を捕食《ほしょく》してしまう。しかし、野生のトウガラシの種子はカプサイシンを含《ふく》んでいて辛《から》いため、ネズミによる捕食《ほしょく》を免《まぬが》れている。一方で鳥類はカプサイシンをあまり含《ふく》まない果肉をエサとするため、種子は嚙《か》まずに丸呑《まるの》みする。そのためか、彼《かれ》らはトウガラシを辛《から》いと感じることはないようで、トウガラシの種子をたくさん散布している。

こういった植物と動物のやり取りから生まれた物質をヒトが好んで料理に使っているのは面白いところである。日本にも香辛料《こうしんりょう》としてサンショウ（山椒）の種子があるが、サンショウの種子にもカプサイシンと同じような役割を持った成分が含《ふく》まれているかもしれない。

二つ目は、果実のにおいの研究である。ドリアンほどでなくても、我々がふだん食べている果物はにおいを発している。たとえば、リンゴはさわやかなにおいを出しているし、メロンは甘《あま》いにおいを出している。でも、これらのにおいには何の意味があるのだろう？　近年では分析《ぶんせき》技術の発展によってにおいの量や成分の評価ができるようになってきている。そして、においの量をさまざまな果実で比較《ひかく》した研究から、哺乳類《ほにゅうるい》に種子を散布してもらいたい植物は強いにおいの果実を、鳥類に散布してもらいたい植物は弱いにおいの果実を作っているらしいことが分かって

ビンに入れた果実から出るにおい成分を集める。

きた。

動物の顔をながめてみると、哺乳類《ほにゅうるい》の鼻はとても大きく、鳥類は小さい。哺乳類《ほにゅうるい》はこの大きな鼻で果実のにおいをかぐことで果実を探しているのだろう。では、においの成分のちがいには何の意味があるのだろう？　小川の森ではこのにおい成分に注目した研究を始めていて、どんな結果が出るかとても楽しみである。ひょっとすると、植物はうまく散布してくれる特定の哺乳類《ほにゅうるい》だけを誘引《ゆういん》できるように、それぞれちがったにおいを作っているかもしれない。

三つ目は、車のカーナビやスマートフォンなどで使われているＧＰＳを用いた研究である。ＧＰ

Sは、地球上を回っている人工衛星を利用して、GPS受信機を持っているヒトの現在位置を知るシステムである。最近では動物にGPS受信機の入った首輪などを取りつけることで、動物がいつどこにいたかを明らかにできるようになった。そして、動物がいた場所、また動物が果実を食べてフンをするまでの時間を調べることで、種子散布距離《きょり》を求めようとする研究が増えつつある。たとえばクマにサクラを食べさせる実験をおこない、クマが十時間でサクラの種子をフンとして排出《はいしゅつ》することが分かったとしよう。そうすると、クマが十時間で移動した距離《きょり》がサクラの種子散布距離《きょり》になる。そのため、GPSでクマが最初にいた場所と十時間後にいた場所の距離《きょり》を測れば、おおよそのサクラの種子散布距離《きょり》が求められる。現時点では、GPSの首輪は大きすぎてリスやネズミなど小型の哺乳類《ほにゅうるい》やほとんどの鳥類に取りつけることはできない。でも、技術が進歩して小さい首輪ができれば、いろいろな大きさの動物でGPSを用いた散布距離《きょり》が評価できるようになるだろう。

種子散布に使えそうな技術革新は、まだまだあって書き切れない。こういった技術を用いて、これまで想像もできなかった世界が見えてくるのは、とてもわくわくする。

◆温暖化の影響《えいきょう》

世界中で温暖化が進んでいるが、温暖化は動物散布に複雑な影響《えいきょう》を与《あた》えているかもしれない。2章で言ったように、温暖化によって植物にとって生育の良い場所は、今後、標高がより高い場所になるだろう。あるいは緯度《いど》がより高い、北の場所になるだろう。たとえば暖かい沖縄《おきなわ》にすんでいたのが、沖縄《おきなわ》は今後暑くなりすぎるので、以前の沖縄《おきなわ》と同じくらいの暖かさの九州に移動する必要がある、といった具合だ。植物は自分では移動できないので、動物の種子散布者としての役割はますます大きくなる。でも、種子を運んでくれる相手は今後も一緒《いっしょ》だろうか？　どうもそうとは言えないようなのだ。暖かくなれば、植物は葉を広げたり、花を咲《さ》かせたり、果実をつける時期が早くなる。同じように、動物も渡《わた》りを始めたり、繁殖《はんしょく》を始める時期が早くなることが知られている。

ただ、温暖化への対応の早さが植物と動物では異なるようなのだ。たとえば、気温が一度上がったときに、植物が果実をつける時期は一週間早くなるのに対して、鳥では渡《わた》りが一か月も早くなる、といった具合である。そうすると果実をつけたときには、今まで種子を運んでくれていた「なじみ」の鳥はもういないかもしれない。代わりに、まったく初対面の鳥とお付き合いを始めることになるかもしれない。その場合、種子の散布距離《きょり》や散布量も以前とは異なってくると考えられる。気のあう動物（以前の動物より散布距離《きょり》が長くて、散布量も多い動物）と出会えた植物は増え、逆に相性の良くない動物と付き合い始めた植物は減ってしまうだろう。動植物がそれぞれ気温の変化に対応することで、今までの種子散布の関係は変わってしまって、森の様子も変化するかもしれないのだ。

◆小川の森の新入生

ごく最近になって、小川の森では今まで見られなかった鳥類や哺乳類《ほにゅうるい》、また植物の出現が相次いでいる。

まず、ツキノワグマとニホンザルの出現である。ツキノワグマとニホンザルは江戸時代くらいまでは小川の森に生息していたようだが、狩猟《しゅりょう》や森林の伐採《ばっさい》によっていなくなったと考えられている。しかし二百年の時を経て、再び小川の森に入ってきたようなのだ。どうやらエサが不足しているときに、福島県などからエサを求めて移動してきているらしい。今のところは小川の森に定着していないが、彼《かれ》らは大型で移動距離《きょり》がとても長いため、遠くまで種子を運んでくれるだろう。そのことによって、周食散布植物の分布拡大や遺伝子交流が活発になるかもしれない。

次に、海外からヒトによって日本に持ち込《こ》まれた外来鳥類の出現である。もともとは中国に生息しているガビチョウは二〇〇四年から小川の森で観察されるようになった果実食鳥だ。さらに二〇一三年からは、同じく中国産のソウシチョウ（相思鳥）という果実食鳥も観察されるようになった。ソウシチョウは爆発的《ばくはつてき》に増えることが知られており、ソウシチョウがいる森では鳥全体の数が二倍になった、という報告もある。もし果実食鳥が増えるのなら、周食散布植物も増えるのだろうか？

ソウシチョウ

また植物側でも、ヨウシュヤマゴボウという周食散布の外来植物が侵入《しんにゅう》してきている。この植物の果実は鳥に好んで食べられることが知られている。5章でも、ハシブトガラスによる散布が観察されていた。ヨウシュヤマゴボウは、たくさん散布されることで小川の森に元々いた在来植物に取って代わってしまうだろうか？　さまざまな動植物の出現によって小川の森は変化していくのか、今後に目が離《はな》せない。

◆ヒトも世代交代が必要

この章で述べてきたように、科学技術の進歩は今まで想像もできなかった、新しい種子散布の世界の一端《いったん》を見せてくれる。また、地球温暖化や外来種の侵入《しんにゅう》は、これまでの動物と植物の関係を一変させようとしている。ただし、種子散布の役割を考える上では、種子散布を調べるだけではダメだ。毎年あるいは数年おきに起こっている種子散布が、植物の世代交代にどういった意味を持っているかを評価する必要がある。

カツラの当年生芽生え

しかし、植物、特に森を形作る樹木の寿命《じゅみょう》はとてもとても長いので、このためには息の長い観察が必要である。小川の森では既《すで》に二十五年間に渡《わた》って観察がおこなわれているが、ブナが生まれてから種子をつけ始めるまでの六十年、カツラ（桂）が寿命《じゅみょう》を迎《むか》えるまでの二千年にははるかに及《およ》ばない。毎年の種子散布は必ずしも必要ではなく、数十年、数百年に一度起こるような大規模なかく乱（台風などで大木がたくさん倒《たお》れることで明るくなり、芽生えや幼樹が大きくなれるチャンス）が起こったときに種子散布が成功すれば、それで十分なのかもしれない。そして、そういったかく乱は小川の森ではまだ観察できていないかもしれない。

樹齢《じゅれい》数百年のカツラ（人物が見える）

数十年や数百年に一度の現象を調査するのは、ヒトひとりではとても不可能だ。読者のみなさんを含《ふく》む、次世代の参加をぜひ期待したい。森林の現在を理解し、また将来を予測していく上では、調査をおこなうヒトも世代交代をしながら研究を続ける必要がある。森林の研究とは、ひとりでは決して完結しない、気の遠くなるほど壮大《そうだい》な挑戦《ちょうせん》なのだ。

あとがき

森での調査は、ヒトの五感（視覚、聴覚《ちょうかく》、触覚《しょっかく》、味覚、嗅覚《きゅうかく》）を強く刺激《しげき》する。アナグマのノソノソした歩みや早春の森の輝《かがや》き、ヒヨドリの叫《さけ》び声やスズメバチの不穏《ふおん》な羽音、踏《ふ》み固められていない土の柔《やわ》らかさやブナの小枝に顔を叩《たた》かれる痛み、沢《さわ》の水やサルナシの甘《あま》さ、カツラの落葉の甘《あま》いにおいや樹液の腐《くさ》ったにおい……。森の中は良いものであれ悪いものであれ、五感にうったえかけるものであふれている。また調査自体も、五感を使いこなさないと効率的におこなえない。双眼鏡《そうがんきょう》でカスミザクラの実りを調べ、鳴き声でオオルリを探し、においでアナグマのフンを見つけ、ヤマブドウの味でツキノワグマの気持ちを想像し、踏《ふ》んだ触感《しょっかん》で倒木《とうぼく》を渡《わた》るか判断する、といった具合である。

ひるがえって、日常生活ではそこまで五感を使う機会はないように思う。そのためぼくにとって、森での調査は大げさに言うと、生きている実感を強く持てる良い機会でもある。また、五感を駆使《くし》して得た知識や経験を元にアイディアを思いつき、その調べ方を考えたり他の研究者と議論することは、何よりの楽しみでもある。この本の読者に、そういった森林研究の面白さが少しでも伝われば、とてもうれしい。

そして、みなさんにもぜひ、森に出かけてほしい。ただ森を歩くだけでなく、何かテーマを持って歩くともっと楽しめるだろう。テーマは、ドングリを見つける、ヒヨドリに会う、など何でも良い。実際に対象に出会い、じっくりと観察してみると思いもしなかったイメージがわくことだろう。図鑑で見たよりもヒヨドリはふてぶてしい、アナグマはこちらが心配になるほどのんびりしている、など。同時に、何か疑問がわいてくることもあるかもしれない。たとえば、枝から落ちる前のドングリは緑色なのに、落ちる頃《ころ》にはなぜ茶色になるのだろう？　紅葉と同じで、植物が落とす前に栄養を吸収しているせいかもしれない。ひょっとすると、地面と同じ茶色にして目立たなくすることで、ネズミによる捕食《ほしょく》から逃《のが》れようとしているのかもしれない。では、茶色のドングリを緑色にぬってみるとどうなるだろう？　アイディアがアイディアを呼び、森の広がりや楽しさを実感できるにちがいない。

今回、紹介《しょうかい》した研究内容は、書き切れないほどたくさんの方々に手助けしていただき、おこなったものである。野外調査の手伝いから種子の仕分け、はては食材の提供まで……。みなさんの協力なしには、研究を達成することは絶対にできなかっただろう。特に京都大学の酒井《さかい》章子《しょうこ》先生、森林総合研究所の正木《まさき》隆《たかし》さんには研究計画から論文書きまで、多大な手間と時間をかけてご指導いただいた。

またこの本を書くにあたっても、さまざまな方にご協力いただいた。生態写真については、お名前は次ページにあげるが、多くの人から素晴らしい写真を提供いただいた。特に、森林総合研究所の正木隆さん、同研究所九州支所の安田雅俊さん、石川県立大学の北村俊平さん、小野安行さん、先崎理之さん、寺川眞理さん、小林和人さん、中村裕一さん、田島信夫さんには膨大《ぼうだい》なコレクションからたくさんの写真をご提供いただいた。村上了さんには事前に本を読んでいただき、親身なコメントをいただいた。植田睦之さん、小池伸介さん、鴨井環さんには本の執筆《しっぴつ》についてさまざまな形でお骨折りいただいた。最後に、さ・え・ら書房の浦城信夫さんには本の執筆《しっぴつ》という、貴重な機会を与《あた》えていただいた。これらの方々に深く感謝申し上げる。

【写真撮影・提供】（敬称略）

五十嵐秀一……P13（上から２枚目：巨木に登る）
寺川眞理……P22（左：ヤマモモ）、P37（ゴリラ）、P116（ヤマモモ）
鈴木祥悟……P31（左：アカネズミ）
東條一史……P32（メジロ）
正木　隆……P33（左：ツキノワグマのフン）、P46（右：サルナシ、左：ヤマブドウ）、P66（左：ミズナラのドングリ）、P68（左：ヤマボウシ）、P70（左：ツルマサキ）、P89（研究室）、P95（右：アオハダ、左：コシアブラ）
北村俊平……P36（右：ゴシキドリ、左：サイチョウ）
田中憲蔵……P39（ドリアン）
梅村佳寛……P43（右：ツキノワグマ）
田島信夫……P52（右：ミソサザイ、左：オオタカ）、P54（左：アカゲラ）、P73（上：ヒレンジャク）、P107（ハシブトガラス）
小林和人……P53（左：マヒワ）、P56（左：クロツグミ）、P136（ソウシチョウ）
中村裕一……P57（左：サンコウチョウ）
島田卓哉……P61（ヒメネズミ）
安田雅俊……P62（左：イノシシ）、P64（右：テン、左：タヌキ）、P65（右：アナグマ）
勝木俊雄……P70（右：カスミザクラ）

（表紙写真については、カバー袖に表示してあります）

【主な参考文献】

・Roger Cousens, Calvin Dytham, Richard Law (2008)
Dispersal in plants ― A population perspective―. Oxford University Press, Oxford

・Frank B Gill(2007)
Ornithology, Third edition. W. H. Freeman and Company, New York

・Carlos M Herrera, Olle Pellmyr, editors (2002)
Plant-animal interactions―an evolutionary approach―. Blackwell Publishing, Oxford

・樋口広芳 , 黒沢令子 編著 (2010)
カラスの自然史―系統から遊び行動まで , 北海道大学出版会 , 札幌

・加納喜光（2008）
知ってびっくり「生き物・草花」漢字辞典 , 講談社 , 東京

・Silva B Lomascolo, Douglas J Levey, Rebecca T Kimball, Benjamin M Boler, Hans T Alborn (2010)
Dispersers shape fruit diversity in Ficus (Moraceae).
Proceedings of the National Academy of Sciences of the United States of America 107: 14668-14672

・正木隆 , 柴田銃江 , 田中浩 , 種生物学会 編著（2006）
森林の生態学―長期大規模研究からみえるもの , 文一総合出版 , 東京

・大橋弘一 (2003)
鳥の名前 , 東京書籍 , 東京

・Joshua J Tewksbury, Gary P Nabhan (2001)
Directed deterrence by capsaicin in chillies.
Nature 412: 403-404

・Hitoshi Tojo, Syuya Nakamura (2004)
Breeding density of exotic Red-billed Leiothrix and native bird species on Mt. Tsukuba, central Japan
Ornithological Science 3: 23-32

・上田恵介 編著 (1999)
種子散布＜助け合いの進化論 1 ＞鳥が運ぶ種子 , 築地書館 , 東京

・上田恵介 編著 (1999)
種子散布＜助け合いの進化論 2 ＞動物たちがつくる森 , 築地書館 , 東京

【出典】
・P78, 89, 96・・・Shoji Naoe, Shoko Sakai, Ayako Sawa, Takashi Masaki (2011)
Seasonal difference in the effects of fragmentation on seed dispersal by birds in Japanese temperate forests.
Ecological Research 26: 301-309

・P83・・・Shoji Naoe, Shoko Sakai, Takashi Masaki (2012)
Effect of forest shape on habitat selection of birds in a plantation-dominant landscape across seasons: comparison between continuous and strip forests.
Journal of Forest Research 17: 219-223

著者／直江 将司（なおえ しょうじ）

1983年香川県丸亀市生まれ。2006年に京都府立大学農学部を卒業後、2012年に京都大学理学研究科の博士課程を修了、博士（理学）。東京大学農学部生命科学研究科　特任助教などを経て、森林総合研究所森林植生研究領域　任期付研究員（現職）。専門は森林生態学および保全生物学。鳥類や哺乳類による種子散布のほか、環境激変下における生物多様性の保全方法について研究を行っている。

わたしの森林研究 ──鳥のタネまきに注目して──

2015年4月 第1刷発行
著　者／直江将司
発行者／浦城 寿一
発行所／さ・え・ら書房　〒162-0842 東京都新宿区市谷砂土原町3-1 Tel.03-3268-4261
http://www.saela.co.jp/
印刷／東京印書館　製本／東京美術紙工　Printed in Japan

©2015 Shoji Naoe
ISBN978-4-378-03917-6　NDC470